浙江省高职院校"十四五"重点立项建设教材

人工智能实用操作教程

袁雅萍　周剑敏　主编

韩春玲　陈文青　副主编

U0234303

电子工业出版社

Publishing House of Electronics Industry

北京·**BEIJING**

内 容 简 介

本书的设计和编写理念是培养学生的人工智能素养和人工智能应用能力，内容选取既适合高职和职业本科学生的特点，又突出人工智能的通识性、典型性、实用性和可操作性。书中内容以人工智能的发展历程、典型技术、现状与未来趋势为主线，结合 AIGC 这一前沿技术的广泛应用，以及人工智能在办公领域的革新实践，从实用角度剖析人工智能对现代社会的影响。

本书旨在帮助学生洞悉人工智能发展的脉络，掌握最新 AIGC 技术的应用方法，并领略智能办公的无限可能。本书采用项目化思想重构了所有案例，每个案例由循序渐进的递进式任务组成，支持课堂分层次教学实施。

本书适合作为高职高专院校、职业本科院校、普通本科院校的人工智能通识课教材，也可供人工智能爱好者自学使用。

图书在版编目（CIP）数据

人工智能实用操作教程 / 袁雅萍，周剑敏主编.

北京 ： 电子工业出版社，2024. 10. -- ISBN 978-7-121-49332-4

Ⅰ. TP18

中国国家版本馆 CIP 数据核字第 2024SA6679 号

责任编辑：刘　瑀

印　　刷：天津嘉恒印务有限公司

装　　订：天津嘉恒印务有限公司

出版发行：电子工业出版社

　　　　　北京市海淀区万寿路 173 信箱　邮编：100036

开　　本：787×1 092　1/16　印张：10.25　字数：262 千字

版　　次：2024 年 10 月第 1 版

印　　次：2025 年 5 月第 2 次印刷

定　　价：49.00 元

凡所购买电子工业出版社图书有缺损问题，请向购买书店调换。若书店售缺，请与本社发行部联系，联系及邮购电话：(010) 88254888，88258888。

质量投诉请发邮件至 zlts@phei.com.cn，盗版侵权举报请发邮件至 dbqq@phei.com.cn。

本书咨询联系方式：liuy01@phei.com.cn。

前　言

在编写这本教材的过程中，我们深感荣幸能够带领大家进入人工智能（Artificial Intelligence，AI）的奇妙世界。这本教材是我们精心编写的，旨在为每一位渴望探索 AI 奥秘的学生提供一份全面的指南。全书分为三个项目，每个项目都是我们进行深入研究和总结实践经验的结晶，旨在从不同角度展示 AI 的多面性和实用性。

项目 1 "AI 进化论"从宏观角度介绍人工智能的发展历程、基本概念、典型技术和应用领域。通过科普式的叙述和历史回顾，帮助学生建立对人工智能的全面认识。同时，结合对云应用场景和伦理问题的讨论，引导学生深入思考人工智能技术在社会经济生活中的作用及其带来的伦理挑战。

项目 2 "AIGC 应用"专注于大模型驱动下的 AIGC 技术。本项目将详细剖析 AIGC 在文案生成、以文生图、图文转视频、对话生成、多模态 AI、智能体、AI 助理等具体应用中的工作原理和实际效果。本项目通过丰富的案例和实际操作指导，让学生亲身体验 AIGC 技术的魅力，并理解其对未来内容创作生态的深远影响。

项目 3 "AI 智能办公应用"将人工智能技术应用于日常办公场景，通过介绍 WPS AI 系列功能，帮助学生掌握如何运用 AI 工具提升工作效率和质量。同时，结合具体的智能功能模块进行介绍，让学生在实际操作中感受人工智能技术带来的办公革命。

本教材适合所有对人工智能感兴趣的学生阅读，无论是初学者，还是有一定基础的进阶学习者，我们都希望本教材能够激发他们的好奇心和探索欲，培养他们成为未来人工智能领域的创新者和实践者。

在阅读的过程中，我们鼓励学生保持开放的心态，积极思考，勇于实践。人工智能是一个不断发展的领域，每天都有新的发现和突破。通过本教材的学习，愿每位学生都能够掌握人工智能的核心技术，为未来的职业生涯打下坚实的基础。

本书是浙江省高职院校"十四五"第二批重点教材建设项目和全国高等院校计算机基础教育研究会计算机基础教育教学研究课题项目的研究成果。

为便于教学与实践，我们提供配套的教学资源，包括教学视频、教学课件和上机实验素材等，读者可登录华信教育资源网免费下载。

本书凝结了作者和编写组成员多年来的教学经验和实践经验，并参考了有关人工智能的最新文献，但由于水平和时间有限，书中难免有不足之处，恳请读者批评指正。如有任何意见和建议，请联系作者，作者邮箱为：359427719@qq.com。

作　者

目　　录

项目 1　AI 进化论

【项目背景】

随着人工智能技术的飞速发展,社会对具备人工智能应用技能的人才的需求日益增长。学习人工智能技术可以使学生深入掌握问题分析的方法和技巧,培养逻辑思维和创新思维,锻炼创新能力、知识创造能力和人机协同能力,从而更好地了解和应对这一前沿科技在社会发展中带来的挑战和机遇。

【知识导图】

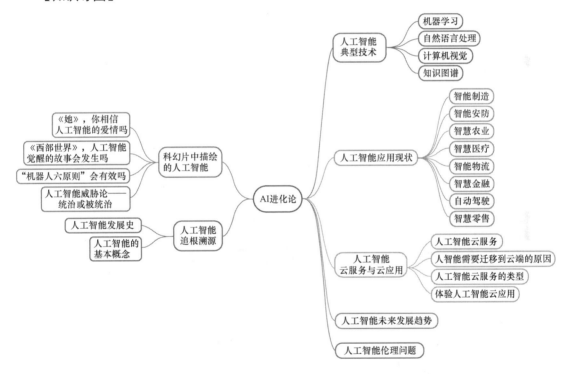

【思政聚集】

1. 人工智能的社会影响

本项目将探讨人工智能如何影响社会、经济和人类生活,例如,其在医疗、交通、教育等领域的应用及带来的利与弊。这有助于引导学生思考人工智能技术的伦理和道德问题,培养他们的社会责任感。

2. 人工智能的伦理和法律问题

本项目将讲解人工智能的道德边界和法律约束,引导学生思考如何确保人工智能技术的公平性和公正性，以及如何在社会中应用人工智能技术。

3．人工智能的创新精神

本项目通过介绍人工智能的基本原理和算法，如神经网络、机器学习和深度学习等，激发学生的创新精神和批判思维。这有助于培养学生的创新意识和解决问题的能力，同时也加深他们对科学道德和学术诚信的认识。

4．人工智能与中国传统文化

本项目将人工智能与中国传统文化相结合，探讨人工智能在中国社会中的应用和发展，引导学生思考如何将人工智能技术与中国传统文化相结合，推动中国社会的进步和发展。

项目 1.1　科幻片中描绘的人工智能

学习视频

1.1.1　《她》，你相信人工智能的爱情吗

电影《她》是由斯派克·琼斯编剧并执导的美国科幻爱情片，于 2013 年上映，讲述了一位作家和人工智能系统之间的科幻爱情故事。

主人公西奥多是一位信件撰写人，心思细腻而深邃，能写出感人肺腑的信件。他刚结束与妻子凯瑟琳的婚姻，还没走出心碎的阴影。一次偶然的机会，他接触到最新的人工智能系统 OS1，它的化身萨曼莎拥有迷人的声线，温柔体贴而又幽默风趣。西奥多与萨曼莎很快发现他们如此投缘，而且存在双向的需求与欲望，人机友谊最终发展为一段不被世俗理解的奇异爱情……

1.1.2　《西部世界》，人工智能觉醒的故事会发生吗

《西部世界》是由迈克尔·克莱顿执导的动作科幻片，于 1973 年在美国上映。该片讲述了在并不遥远的未来，一座巨型高科技乐园被建成，其中有西部世界、罗马世界、中世纪世界三大主题乐园，随着程序升级，乐园中的机器人开始具有"自主意识"，乐园的后台逐渐失去对机器人的控制，造成乐园被机器人"血洗"的故事。

1.1.3　"机器人六原则"会有效吗

机器人六原则，也称为机器人伦理原则，是指在设计、制造、应用和销售机器人时应遵循的一系列道德、伦理、法律和社会准则。这些原则旨在确保机器人技术的安全、公正、透明和可靠，同时防止机器人技术对人类和社会产生负面影响。

具体到机器人六原则的内容，不同文献的说法可能会有所差异，但可以参考的是，欧盟人工智能高级别专家组发布的《新一代人工智能伦理规范》中提到的六点基本原则中，

就包括确保人工智能系统"可控和可靠"。此外，还有文献提到了"保护性设计"和内置的道德原则，如机器人不可以伤害人类或看到一个人将受到伤害而不作为；机器人必须服从人类的命令等。然而，需要注意的是，这些原则的定义并不是唯一的，不同的组织和专家可能会根据自己的理解和需求提出不同的原则和要求。

实际上，最广为人知并被广泛引用的是科幻作家艾萨克·阿西莫夫（Isaac Asimov）提出的"机器人三定律"，而非"机器人六原则"。"机器人三定律"是这样描述的：

（1）第一定律：机器人不得伤害人类，或因不作为使人类受到伤害。

（2）第二定律：机器人必须服从人类的命令，除非这些命令与第一定律冲突。

（3）第三定律：机器人必须保护自身的存在，但不得违反第一定律和第二定律。

这三个定律构成了科幻作品中机器人行为的基本伦理框架，旨在确保机器人在服务人类的同时，不会对人类造成伤害。"机器人三定律"在阿西莫夫的作品中及后来的科幻文学、电影、电视剧和学术讨论中产生了深远影响。

1.1.4　人工智能威胁论——统治或被统治

在探讨人工智能的未来走向时，我们不可避免地遇到了一个关键问题："人工智能会不会威胁人类？"这个问题触及了人类对技术进步可能带来的深远影响的担忧与期待。

当我们站在科技的十字路口上时，人工智能的迅猛发展无疑给人类社会带来了前所未有的变革。一些杰出的科学家和思想家对这一问题表达了他们深切的忧虑与乐观的展望。表 1-1 给出了一些来自科技界和学术界知名人士的观点，他们从不同的角度出发，对人工智能的未来走向进行了深入的探讨和辩论。

表 1-1　支持者与反对者的较量：人工智能的未来走向

反对者	支持者
霍金：人工智能的快速发展是人类历史上的一个里程碑，但也很可能是人类发展史上最后一个里程碑，人类将走向灭亡。 《连线》之父凯文凯利：人工智能会是下一个 20 年颠覆人类社会的技术，它的力量将堪比电与互联网。 太空探索公司 CEO 马斯克：只要认可人工智能技术会不断发展，我们就会在智力上远远落后于人工智能，以至于最后成为人工智能的宠物。 ……	权威学者吴恩达：人工智能不会导致世界末日，而是会给人类社会提出新的挑战。 2018 年图灵奖得主杨立昆：机器算法在一些领域的确超越了人类的能力范围。但在社会和文化的认知领域，机器算法难以企及人类。 机器人专家 Veloson：人类的多样性或许是人工智能永远无法做到的。 ……

支持者看重人工智能带来的革命性变革和巨大潜力，而反对者则关注它可能带来的风险和对人类社会深层次的影响。这场辩论至今仍在继续，而我们每个社会成员都是这场辩论的参与者和见证者。

【项目任务】

任务 1　自选两部科幻电影或电视剧观看，如《超验骇客》、《人工智能》、《黑客帝国》系列、《宇宙奇兵》等。

任务 2　思考并记录下电影中描绘的人工智能系统的特点、功能和应用场景。

项目1.2　人工智能追根溯源

1.2.1　人工智能发展史

学习视频

人工智能的发展历程可以用关键节点来进行梳理，如图 1-1 所示。

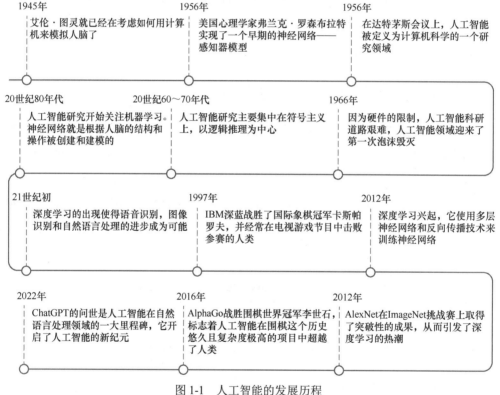

1945年
艾伦·图灵就已经在考虑如何用计算机来模拟人脑了

1956年
美国心理学家弗兰克·罗森布拉特实现了一个早期的神经网络——感知器模型

1956年
在达特茅斯会议上，人工智能被定义为计算机科学的一个研究领域

20世纪80年代
人工智能研究开始关注机器学习。神经网络就是根据人脑的结构和操作被创建和建模的

20世纪60~70年代
人工智能研究主要集中在符号主义上，以逻辑推理为中心

1966年
因为硬件的限制，人工智能科研道路艰难，人工智能领域迎来了第一次泡沫毁灭

21世纪初
深度学习的出现使得语音识别，图像识别和自然语言处理的进步成为可能

1997年
IBM深蓝战胜了国际象棋冠军卡斯帕罗夫，并经常在电视游戏节目中击败参赛的人类

2012年
深度学习兴起，它使用多层神经网络和反向传播技术来训练神经网络

2022年
ChatGPT的问世是人工智能在自然语言处理领域的一大里程碑，它开启了人工智能的新纪元

2016年
AlphaGo战胜围棋世界冠军李世石，标志着人工智能在围棋这个历史悠久且复杂度极高的项目中超越了人类

2012年
AlexNet在ImageNet挑战赛上取得了突破性的成果，从而引发了深度学习的热潮

图 1-1　人工智能的发展历程

1945 年，艾伦·图灵（Alan Turing）就已经在考虑如何用计算机来模拟人脑了，他设计了 ACE （Automatic Computing Engine，自动计算引擎）来模拟大脑工作，这就是机器智能的起源。

1956 年，美国心理学家弗兰克·罗森布拉特（Frank Rosenblatt）实现了一个早期的神经网络——感知器模型 （Perceptron Model），该模型通过监督学习的方法对简单的图像进行分类，如三角形和正方形。该模型是一台只有八个模拟神经元的计算机，这些神经元由马达和转盘制成，与 400 个光探测器连接。

1956 年的夏天，在达特茅斯会议上，人工智能被定义为计算机科学的一个研究领域。明斯基（Minsky）、麦卡锡（McCarthy）香农（Shannon）和罗切斯特（Rochester）组织了这次会议，他们后来称为人工智能的"奠基人"。

1966 年，明斯基和派珀特在《感知器：计算几何学导论》一书中阐述了因为硬件的限制，只有几层的神经网络仅能执行最基本的计算，一下子浇灭了这条路线上研发的热情，人工智能领域迎来了第一次泡沫破灭，经历低潮。这些先驱们怎么也没想到，计算机的速度能够在随后的几十年里指数级增长，提升了上亿倍。

20 世纪 60～70 年代，人工智能研究主要集中在符号主义上，以逻辑推理为中心。此时的人工智能系统主要是基于规则的系统，比如早期的专家系统。

20 世纪 80 年代，当基于规则的系统弊端变得明显时，人工智能研究开始关注机器学习（Machine Learning），这是该学科的一个分支，其采用统计方法让计算机从数据中学习。神经网络就是根据人脑的结构和操作被创建和建模的。

20 世纪 90 年代，人工智能研究在机器人技术、计算机视觉和自然语言处理等领域取得了显著进展。21 世纪初，深度学习（Deep Learning）的出现使得语音识别、图像识别和自然语言处理的进步成为可能。

1997 年，IBM 深蓝战胜了国际象棋冠军卡斯帕罗夫后，新的基于概率推论（Probabilistic Reasoning）思路开始被广泛应用在人工智能领域，随后 IBM Watson 的项目使用这种方法在电视游戏节目 *Jeopardy* 中经常击败参赛的人类。

2012 年，深度学习兴起。深度学习是一种机器学习算法，它使用多层神经网络和反向传播（Backpropagation） 技术来训练神经网络。该领域是几乎是由杰弗里·辛顿（Geoffrey Hinton）开创的，早在 1986 年，辛顿与他的同事一起发表了关于深度神经网络（Deep Neural Networks，DNN）的开创性论文，这篇文章引入了反向传播的概念，其是一种调整权重的算法，每当权重改变时，神经网络就会比以前更快接近正确的输出，利用这篇论文，我们可以轻松实现多层神经网络，突破了 1966 年明斯基写的感知器模型局限的魔咒。

2012 年，AlexNet 在 ImageNet 挑战赛上取得了突破性的成果，从而引发了深度学习的热潮。深度学习重要的数据集之一，就是由李飞飞创建的 ImageNet。曾任斯坦福大学人工智能实验室主任的李飞飞，早在 2009 年就看出数据对机器学习算法的发展至关重要，同年在 IEEE 国际计算机视觉与模式识别会议（CVPR）上发表了相关论文。

2016 年，AlPhaGo 战胜围棋世界冠军李世石，这是一个历史性的时刻，标志着人工智能在围棋这个历史悠久且复杂度极高的项目中超越了人类，对人类对于机器智能和未来可能性的理解产生了深远影响。

2022 年，ChatGPT 的问世是人工智能在自然语言处理领域的一大里程碑，它开启了人工智能的新纪元。ChatGPT 由 OpenAI 发布，这个模型基于 GPT-3 框架，其能力在于生成和理解自然语言，甚至能与人类进行深度交谈。通过深度学习和大规模数据训练，ChatGPT 能理解复杂的人类语言，并生成具有连贯性和创造性的回复。

学习视频

1.2.2　人工智能的基本概念

1．定义与目标

人工智能致力于研究、开发和应用理论、方法、技术及系统，以实现机器的智能行为，模拟、延伸和扩展人类的智能能力。

人工智能的目标是创建一种智能机器或软件，它们能够理解和执行通常需要人类智能才能完成的任务。这些任务可能涉及学习、感知、理解语言、识别模式、推理、规划、问题解决、创造性思维、社交交互和自主行动等多方面。人工智能旨在通过算法、数据和计算能力，赋予机器模仿、增强，甚至超越人类智能的潜力。

2．类别

超人工智能（Artificial Super Intelligence，ASI）是一种超越人类智能的人工智能，能够比人类更好地执行任何任务。尼克·波斯特洛姆最早定义了超人工智能的概念，将其描述为一种几乎在所有领域都比最优秀的人类更聪明的智能。

强人工智能（Strong AI）是指能够执行任何人类智能任务的通用智能系统，具有广泛的知识和跨领域适应能力。

弱人工智能（Narrow or Applied AI）专注于特定任务或领域，如语音识别、图像分类、推荐系统等，表现出专业化的智能。

超人工智能、强人工智能都是"科幻人工智能"，旨在全面达到，甚至超过人类的智能水平。弱人工智能是"科学人工智能"，目的是让机器做事时"聪明"一点。

人工智能的三个类别如图 1-2 所示。

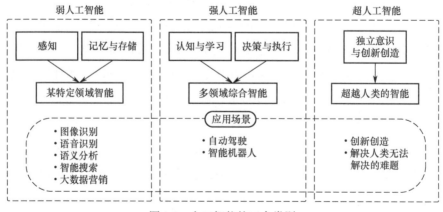

图 1-2　人工智能的三个类别

3．主要流派

符号主义（Symbolic）侧重于基于规则和逻辑的推理，通过明确的符号表示和算法来处理知识。

连接主义（Connectionism）以神经网络为代表，模仿人脑神经元之间的连接模式，通过训练和调整权重来学习和处理信息。

行为主义（Behaviorism）关注机器的行为表现，通过强化学习等方式使机器在与环境的交互中优化行为策略。

进化计算借鉴自然界演化过程，通过遗传算法、粒子群优化等算法搜索最优解。

模糊逻辑用于处理不确定、模糊或非精确的信息，模仿人类语言和思维中的模糊概念。

4．典型技术与方法

人工智能的典型技术与方法包括机器学习、深度学习、自然语言处理、计算机视觉等，具体内容将在项目 1.3 中介绍。

5．常见概念

下面对人工智能领域常用的英文术语进行解释。

1）AI

AI 的全称是 Artificial Intelligence，即人工智能，在 1956 年于达特茅斯会议上被提出，是一种旨在以类似人类反应的方式对刺激做出反应并从中进行学习的技术，其理解和判断水平通常只能在人类的专业技能中找到。AI 具备自主学习和认知能力，可进行自我调整和改进，从而能应对更加复杂的任务。

2）AGI

AGI 的全称是 Artificial General Intelligence，即通用人工智能，是具备与人类同等智能、或超越人类的人工智能，能表现出正常人类所具有的所有智能行为。

3）AIGC

AIGC 的全称是 AI Generated Content，意为人工智能生成内容，是一种内容生产形式。例如，AI 文字续写、文字转图像、AI 主持人等，都属于 AIGC 的应用。

4）ChatGPT

ChatGPT 是 OpenAI 开发的人工智能聊天机器人程序，于 2022 年 11 月被推出。该程序目前使用基于 GPT-3.5、GPT-4 框架的大语言（Large Language Model，LLM）模型，并使用强化学习进行训练。

5）Agent

Agent（智能体）是指能够感知环境并采取行动以实现特定目标的代理体。它可以是软件、硬件或一个系统，具备自主性、适应性和交互能力。智能体通过感知环境中的变化（如利用传感器或数据输入），根据自身学习到的知识和算法进行判断和决策，进而执行动作以影响环境或达到预定的目标。智能体在人工智能领域应用广泛，常见于自动化系统、机器人、虚拟助手和游戏角色等，其核心在于能够自主学习和持续进化，以更好地完成任务和适应复杂环境。

6．应用与影响

人工智能在诸多领域得到广泛应用，如医疗诊断、金融风控、自动驾驶、教育、智能家居、娱乐、农业、制造业等，能够显著提高这些领域中常见任务的执行效率、精度。人工智能的发展也引发了关于就业、隐私、安全、伦理、法律等方面的广泛讨论，推动社会对人工智能治理和法规制定的关注。

综上所述，人工智能是通过模拟人类学习和决策的过程，利用先进的算法和计算资源，使机器能够处理复杂任务、理解环境并与之交互的综合技术。它不断演进，持续推动科技进步与社会变革。

【项目任务】

了解人工智能起源于哪些学科领域，以及人工智能相关的里程碑事件。

项目 1.3　人工智能典型技术

在人工智能领域中，有许多技术正在不断突破和演进，为人类带来了前所未有的机遇和挑战。这些技术，如机器学习、深度学习、计算机视觉、自然语言处理等，不仅在科技领域取得了重大突破，还广泛应用于各个行业，如医疗、交通、制造业等。人工智能的典型技术包括但不限于以下几方面：

机器学习：机器学习是人工智能的一个核心分支，它使机器能够从数据中自动学习和改进，并做出决策或预测，无须显式编程。机器学习包括监督学习、无监督学习、半监督学习、强化学习等。

深度学习：深度学习是机器学习的一个子领域，是指利用多层神经网络结构对复杂数据（如图像、声音、文本）进行高效表示和学习，以识别模式和进行决策。我们耳熟能详的深度学习领域的神经网络有很多，如卷积神经网络（CNN）、循环神经网络（RNN）、生成对抗网络（GAN）、深度强化学习（DRL）等。一般来说，其隐藏层的层数根据具体问题可以是几层、几十层、几百层甚至数千层（如图 1-3 所示）。

自然语言处理（Natural Language Processing，NLP）：自然语言处理是理解、生成和操纵人类语言的技术，可应用于文本分析、机器翻译、对话系统等。

计算机视觉（Computer Vision，CV）：计算机视觉使机器能从图像和视频中识别物体、理解场景、进行人脸识别、目标检测等，这项技术在自动驾驶、安全监控和医疗诊断等领域有着重要应用。

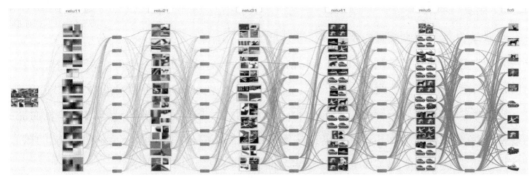

图 1-3　多层神经网络结构示意图

知识图谱（Knowledge Graph）：知识图谱是一种组织和存储大量数据的技术，它通过链接不同的事实和概念来支持复杂的查询和分析。其在搜索引擎优化、推荐系统和智能助手中非常有用。

强化学习（Reinforcement Learning，RL）：强化学习是一种让机器通过试错来学习如何达到目标的方法。它在游戏、机器人技术和自动化任务中特别有用。

虚拟现实（Virtual Reality，VR）与增强现实（Augmented Reality，AR）：这两个技术通过创建一个模拟环境或在现实世界中叠加数字信息，为用户提供沉浸式体验。它们在娱乐、教育和设计等领域有着广泛的应用。

人机交互（Human-Computer Interaction，HCI）：人机交互技术改善了人与计算机之间的交流方式，使得用户界面更加直观和易用。它在智能家居、个人助理和在线教育等领域尤为重要。

机器人技术：结合硬件与软件，制造能与物理环境交互的自主或半自主机器，包括移动机器人、服务机器人、社交机器人等。

专家系统：是指人们利用知识工程构建的模拟人类专家决策过程的系统，用于诊断、咨询、规划等领域。

生成式 AI：生成式 AI 能够创建新的内容，如文本、图像或音乐，它在创意产业、内容创作和个性化推荐等方面展现出巨大潜力。

多模态技术：多模态技术结合了多种类型的数据（如文本、图像和声音）来提高人工智能系统的理解和交互能力。它在智能家居、智慧城市和医疗诊断等领域具有重要意义。

综上所述，人工智能的典型技术涵盖了从基础的学习算法到高级的应用算法，如自然语言处理、计算机视觉和生成式 AI 等，这些技术共同推动了人工智能领域的快速发展和广泛应用。下面分别对机器学习、自然语言处理、计算机视觉、知识图谱进行详细介绍。

学习视频

1.3.1 机器学习

1. 定义

机器学习是一门多领域交叉学科,涉及概率论、统计学、逼近论、凸分析、算法复杂度理论等多门学科。其专门研究计算机怎样模拟或实现人类的学习行为,以获取新的知识或技能,并重新组织已有的知识结构,使计算机不断改善自身的性能。

机器学习涉及大量的数据处理和分析,通过训练计算机来识别和理解数据,从而能够从数据中学习并发现规律和模式,以预测未来的行为、结果和趋势。它是人工智能的核心,是使计算机具有智能的根本途径。机器学习的逻辑模型如图 1-4 所示。

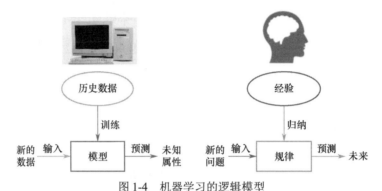

图 1-4 机器学习的逻辑模型

2. 发展历程

机器学习发展历程可以分为以下几个关键阶段。

1)萌芽期

理论奠基:这一时期,人工智能和机器学习的基本概念开始形成。学者们探讨如何让机器模拟人类学习过程,并提出了早期的机器学习思想。

感知器模型是一种简单的二分类线性模型,标志着最早的有监督学习算法的诞生。感知器模型后来发展为深度神经网络,从感知器模型到深度神经网络的发展如图 1-5 所示。

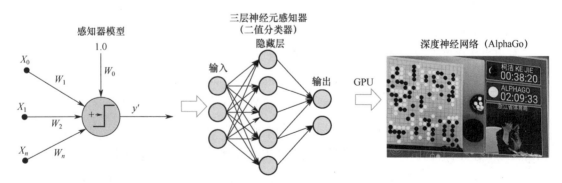

图 1-5 从感知器模型到深度神经网络的发展

2）停滞与反思期

由于感知器模型无法解决非线性问题，以及人们对机器学习能力过于乐观的预期未能实现，导致第一次人工智能领域"寒冬"的来临，机器学习研究进入低谷。此后，研究重点转向知识表示、专家系统和知识工程，强调显式编程规则和知识库的构建。

3）复兴与理论突破期

统计学习理论：万普尼克（Vapnik）等人提出了统计学习理论，为机器学习提供了坚实的数学基础。支持向量机（Support Vector Machine，SVM）的提出，极大地推动了分类和回归问题的研究。

决策树：ID3 算法（Iterative Dichotomiser 3）等决策树算法被提出，为机器学习提供了更直观的决策模型。

反向传播算法：反向传播算法为后来深度学习的发展奠定了基础，但当时并未引起广泛关注。

连接主义复兴：随着 Hopfield 网络和玻尔兹曼（Boltzmann）机等神经网络模型的提出，连接主义学习方法重新受到重视。

4）稳步发展期

集成学习：Bagging、Boosting、随机森林、Adaboost 等集成学习算法的出现，提高了机器学习模型的稳定性和泛化能力。

5）繁荣期（21 世纪初至今）

大数据时代，互联网和物联网的发展产生了海量数据，为机器学习提供了丰富的训练资源，机器学习的发展进入繁荣期。

深度学习：得益于计算能力的提升（尤其是 GPU 的广泛应用）和大量标注数据的积累，深度神经网络（如深度信念网络、卷积神经网络、循环神经网络等）得以成功训练并取得突破性成果，特别是在图像识别、语音识别、自然语言处理等领域。

迁移学习、元学习与自监督学习：这些新型学习范式允许模型利用已有的知识解决新任务，减少对大规模标注数据的依赖，进一步推动了机器学习的实用化进程。

强化学习：AlphaGo 击败围棋世界冠军等标志性事件，凸显了强化学习在复杂决策任务中的潜力，尤其是在棋类项目、机器人控制和自动驾驶等领域。

自动化机器学习（AutoML）与可解释性研究：AutoML 旨在简化模型选择、超参数调整等过程，降低机器学习的应用门槛。同时，模型可解释性研究日益重要，以确保决策透明度和合规性。

综上所述，机器学习的发展历程经历了漫长的过程，伴随着几次高潮与低谷，最终在大数据、计算力增强及算法创新的共同驱动下，进入了一个前所未有的繁荣期，深刻影响了各行各业的技术进步和社会生活。

3．研究现状

1）传统机器学习的研究现状

传统机器学习的研究方向主要包括决策树、随机森林、人工神经网络、贝叶斯学习等。

2）大数据环境下机器学习的研究现状

大数据技术为数据的转换、数据的处理、数据的存储等带来了更好的技术支持。现有的许多机器学习算法是建立在内存理论基础上的。在大数据还无法装载进计算机内存的情况下，计算机是无法进行诸多算法的处理的，因此应提出新的机器学习算法，以适应大数据处理的需要。大数据环境下的机器学习算法，采用分布式和并行计算的方式进行分治策略的实施，可以规避掉噪声数据和冗余带来的干扰，降低存储花销，同时提高学习算法的运行效率。机器学习越来越朝着智能数据分析的方向发展，并已成为智能数据分析技术的一个重要源泉。另外，在大数据时代，随着数据产生速度的持续加快，数据的体量有了前所未有的增长，而需要分析的新的数据种类也在不断涌现，如文本的理解、文本情感的分析、图像的检索和理解、图形和网络数据的分析等，使得机器学习和数据挖掘等智能计算技术在大数据智能化分析处理应用中具有极其重要的作用。

4．算法分类

图 1-6 所示为常见的机器学习算法分类。

机器学习通过优化方法挖掘数据中的规律，基于学习方式，可分为五类。

（1）监督学习：算法通过给定带标签的训练数据，学习输入/输出的映射关系，并能够对新数据进行预测。例如，在医疗诊断中，利用带标签的病历数据训练模型，使模型能根据患者的症状和检查结果预测疾病类别。

（2）无监督学习：在没有标签的情况下，算法通过发现数据中的隐藏结构、模式来学习。例如，在市场分析中，通过无监督学习中的聚类算法识别消费者中购买行为相似的群体。

（3）半监督学习：算法结合少量带标签数据和大量无标签数据进行学习，常用于带标签数据获取成本高昂或难以获取的情况。

（4）强化学习：算法通过与环境交互并获得奖励或惩罚信号，学习如何在特定情境下做出最优决策，广泛用于机器人控制、游戏 AI、自动驾驶等领域。

（5）深度学习：利用多层神经网络结构对复杂数据（如图像、声音、文本）进行高效表示和学习，以识别模式和进行决策，其在图像识别、语音识别、自然语言处理等方面表现出色。例如，深度学习中的生成对抗网络（GANS）由两个神经网络（生成器和判别器）组成，通过对抗过程生成逼真的新数据样本，常用于图像、音频或文本合成。

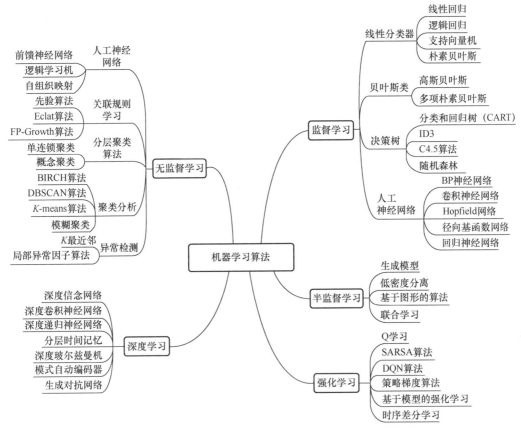

图 1-6　常见的机器学习算法分类

5. 常见算法

逻辑回归：一种主要用于二分类问题的线性模型，其通过 sigmoid 函数将线性预测转换为概率值。逻辑回归的应用包括天气预报、股价预测、房价预测，如图 1-7 所示。

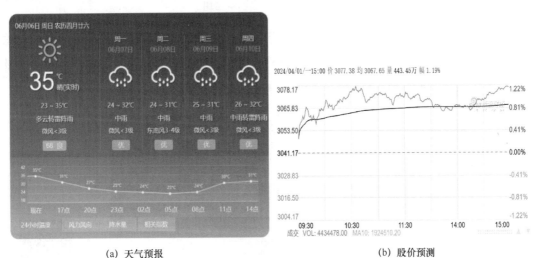

(a) 天气预报　　　　　　　　　　　(b) 股价预测

图 1-7　逻辑回归的应用

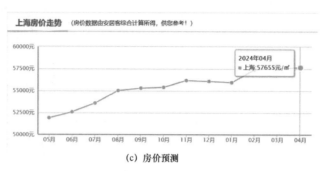

(c) 房价预测

图 1-7　逻辑回归的应用（续）

决策树：通过构建树形结构完成分类或回归任务，易于解释且能处理非线性关系和特征交互。它是一种直观的分类方法，易于理解和实现。例如，女生相亲时，她的决策过程就可以用决策树表示，如图 1-8 所示。

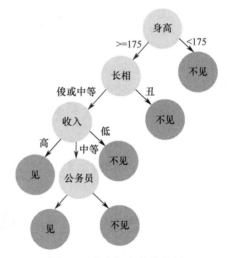

图 1-8　女生相亲的决策树

支持向量机：既可以用于分类也可以用于回归，通过最大化间隔找到最优超平面，适用于小样本、非线性、高维问题。支持向量机分类示例如图 1-9 所示，其中红色表示"吸烟"，黄色表示"不吸烟"。

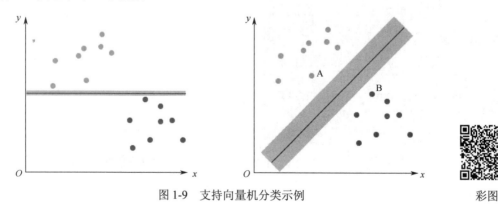

图 1-9　支持向量机分类示例　　　　　　　　　彩图

K 最近邻（KNN）：一种基于实例的算法，其通过测量新样本与训练集中最近邻的距离来进行分类或回归。

朴素贝叶斯：一种基于贝叶斯定理的简单有效的分类方法，适用于文本分类等场景。

随机森林：一种集成学习算法，通过构建多个决策树并进行取平均或多数投票的方式提高预测准确性。

堆叠泛化（Stacked Generalization）：一种将多个分类器的预测结果进行组合以提高预测准确率的集成学习算法。

人工神经网络：一种模仿人脑神经元连接方式构成的网络，包括前馈神经网络（如多层感知器）、卷积神经网络、循环神经网络等，能够处理复杂的非线性模式识别问题。

以上这些算法各有特点，适用于不同的应用场景。例如，逻辑回归适用于基础的预测模型建立，而决策树和随机森林更适用于要求解释性强的场景。支持向量机在处理高维数据时表现出色，而 K-最近邻则适用于小规模数据集。朴素贝叶斯算法因为简单高效，在文本分类等领域有着广泛应用。堆叠泛化和梯度提升机作为集成学习算法，通过结合多个模型的优势来提高整体性能。人工神经网络作为一种强大的模型，能够处理极其复杂的数据结构和模式识别任务。

6. 应用领域

机器学习已经渗透到现代社会的众多领域，以下是机器学习一些典型的应用场景和案例。

1）医疗保健

医学影像分析：通过深度学习等技术自动分析 X 光、MRI、CT 等影像数据，辅助医生进行肿瘤检测、病变识别、病灶分割等任务，提高诊断精度和效率。

疾病预测与风险评估：利用机器学习基于患者的健康记录、基因数据、生活习惯等信息，构建预测模型来评估个体患特定疾病的风险，指导早期干预和个性化治疗。

药物研发：利用机器学习加速化合物筛选、靶点发现、药效预测等环节，降低成本并提高新药研发的成功率。

医疗资源调度：利用机器学习预测医院就诊流量、床位需求、手术安排等，优化医疗资源分配，减少患者等待时间和医院运营成本。

2）金融领域

信用评分与风险管理：利用机器学习基于用户的信用历史、交易行为、社交网络等多源数据，建立信用评估模型，用于贷款审批、信用卡发放、保险定价等决策。

欺诈检测：利用机器学习实时监测交易行为，通过异常检测算法识别潜在的欺诈交易，保护金融机构和消费者免受经济损失。

市场预测与投资决策：利用机器学习分析股票价格、经济指标、新闻舆情等数据，预测市场走势，辅助投资者制定投资策略。

3）零售与电子商务

个性化推荐系统：利用机器学习基于用户的购物历史、浏览行为、偏好等信息，提供个性化的产品推荐，提升用户的购买转化率和购物体验。

库存管理与供应链优化：利用机器学习通过预测销售趋势、分析库存周转率、监控供应链动态，实现精准补货、减少库存成本、优化物流配送。

价格优化：利用机器学习动态调整商品价格以响应市场需求、竞争状况和库存水平，最大化利润或市场份额。

4）交通运输

智能交通管理：利用机器学习预测交通流量、识别拥堵区域，为城市规划和交通信号控制提供决策支持，缓解交通压力。

自动驾驶：通过计算机视觉、传感器融合、路径规划等技术实现车辆自主行驶，包括障碍物检测、车道保持、路线规划等功能。

物流优化：利用机器学习优化货物运输路线、装载策略、配送时间等，提高物流效率，减少运输成本。

5）其他

能源管理：利用机器学习预测电力需求、优化能源生产与分配、监测能耗异常，助力节能减排和智能电网建设。

环境保护：利用机器学习监测空气质量、水质、土壤污染，预测气候变化，支持环保政策制定与生态恢复工作。

农业：在精准农业中，通过遥感数据分析作物生长状况，预测产量，指导灌溉施肥等农事活动。

教育：助力研发智能辅导系统，进行学习路径推荐、学生学习行为分析，推动个性化教学与教育资源优化配置。

随着技术进步和数据积累，机器学习的应用领域将继续拓展，为各行各业带来更高的自动化程度、智能化决策能力和效率。

1.3.2　自然语言处理

学习视频

1. 定义

自然语言处理是一个交叉学科，融合了计算机科学、人工智能、语言学、数学等多个学科的知识，专注于研究如何设计和构建计算机系统，使其能够理解和生成人类自然语言，并以此作为有效的人机交互手段。

自然语言处理是人工智能领域的一个重要方向，其研究领域包括语法解析、语义理解、信息抽取、文本生成、文本挖掘、情感分析、机器翻译等。

2．发展历程

自然语言处理技术的发展是一个复杂而漫长的过程，涉及多个阶段和技术的演进。从20世纪50年代至今，自然语言处理经历了从基于规则的方法到统计学习方法，再到深度学习的转变。这一过程大致可以分为以下几个阶段。

早期阶段：这一阶段，自然语言处理方法主要集中在符号主义方法上，即通过构建一套复杂的规则来模拟人类语言的理解和生成过程。这一时期的研究成果相对有限，但也为后来的发展奠定了基础。

统计学习阶段：随着计算机数据处理能力的提升，研究人员开始采用统计学习方法来处理自然语言问题。这一阶段的研究重点包括词性标注、句法分析等，试图通过大量的语料库来训练模型，以提高处理效果。

深度学习阶段：近年来，随着深度学习的快速发展，自然语言处理领域也迎来了新的突破。利用深度学习，我们能够自动从大量文本数据中学习语言特征，显著提高自然语言理解的准确性和效率。这一阶段的重要成果包括基于记忆的网络、预训练语言模型等。

多模态学习阶段：随着人工智能领域的不断拓展，自然语言处理技术也逐渐与计算机视觉等技术进行了融合，形成了多模态学习的趋势。这一趋势旨在处理包含文本和图像信息的多模态数据，以实现更加丰富和准确的语言理解能力。

自然语言处理技术整个发展历程显示了其从最初的理论探索到现在的实际应用，经历了从简单到复杂、从单一到多元的技术演进。它的每一个进展都离不开技术创新和跨学科合作的推动。未来，随着技术的进一步发展，自然语言处理将在人机交互、智能助理、自动翻译等领域发挥更大的作用。

3．关键技术与方法

1）词法分析

分词（Tokenization）：将连续的文本切分成单独的词语或符号单元。

词性标注（Part-of-Speech Tagging）：识别每个词在句子中的语法类别（如名词、动词、形容词等）。

命名实体识别（Named Entity Recognition，NER）：识别文本中特定的实体类型，如人名、地名、组织机构名等。

词义消歧（Word Sense Disambiguation）：解决同一个词在不同上下文中具有多种含义的问题，以确定其在特定语境下的确切意义。例如，对"他们研究所有东西"这句话进行

分词后可能会得到 "他们/研究/所有/东西"或"他们/研究所/有/东西"。

2）句法分析

句法树构建（Syntactic Parsing）：分析句子结构，将其表示为树形结构（如依存关系树或短语结构树），揭示词语之间的句法关系。

语块识别（Chunking）：识别文本中的短语或连续的词语组合，如名词短语、动词短语等。例如，"赞成/的/是/多数人""咬死了/猎人/的/狗"。

3）语义分析

语义角色标注（Semantic Role Labeling）：标识句子中各成分在事件或行为中的角色（如施事者、受事者、地点等）。

语义关系抽取（Semantic Relation Extraction）：发现文本中实体之间的特定语义关系，如因果关系、比较关系等。

情感分析（Sentiment Analysis）：识别和提取文本中蕴含的情感倾向（如积极、消极、中立），以及更精细的情感极性和强度。例如，"约我看电影"和"我约看电影"，意思完全不同。

4）话语分析与篇章理解

指代消解（Coreference Resolution）：确定文本中代词或其他形式的指示词所指代的具体实体。

主题建模（Topic Modeling）：自动从大量文本中发现和识别主题结构。

篇章连贯性分析：理解文本内部及文本间的关系，如篇章结构、逻辑推理、信息连贯性等。例如，"我要一个汉堡包"，在不同的上下文中会有不同的含义。

5）语音技术

语音识别（Speech Recognition）：将语音信号转化为对应的文本。

语音合成（Speech Synthesis）：将文本转化为逼真的人类语音。

机器翻译（Machine Translation, MT）：将一种语言的文本自动翻译成另一种语言。

文本生成：基于给定条件或数据，自动生成连贯、有逻辑的自然语言文本。

自动摘要（Automatic Summarization）：根据长篇文本生成简明扼要的概述。

对话系统（Dialogue System）：构建能够与用户进行自然语言交互的聊天机器人。

文本创作（Text Generation）：根据特定要求或数据生成连贯、有逻辑的自然语言文本。

4. 技术难点

自然语言处理技术目前面临的主要挑战主要包括以下四方面。

数据稀疏性：对于某些领域或任务，可用的语料库非常有限，这会导致数据稀疏问题。

缺乏足够的数据会使模型难以学习到准确的语言规律和模式。

语义模糊性：自然语言中的词语和句子往往存在多种解释和含义，同一个词语在不同的上下文中可能有不同的含义。这会导致语义模糊问题。

语法复杂性：自然语言的语法结构往往非常复杂，包括词序、时态、语态、语气等多方面。不同语言之间的语法差异也会增加自然语言处理的难度。

计算复杂性：自然语言处理需要进行大量的计算和推理，包括词语的嵌入、句子的解析、语义的推理等。这些计算过程往往非常复杂，需要消耗大量的计算资源和时间。

此外，自然语言处理还面临着语言不规范、灵活性高等问题。虽然存在一些算法和模型来尝试解决这些问题，但自然语言处理仍然是一个具有挑战性的领域。

5．应用领域

信息检索：在搜索引擎中进行信息检索。

问答系统：理解和回答用户提出的问题，常见于智能客服、知识图谱查询、教育辅导平台。

机器翻译：将文本从一种语言翻译成另一种语言，应用于在线翻译工具、跨语言信息检索、国际商务、在线教育。

情感分析：识别文本中的情感倾向（如积极、消极、中性），应用于社交媒体监控、客户反馈分析、舆情分析、热点话题发现、用户行为预测等。

智能写作与编辑：帮助用户自动生成、优化和编辑文本，应用于新闻摘要生成、报告撰写辅助、自动文稿纠错等。

智能语音助手：智能语音助手是一种基于人工智能技术的软件应用，能够通过语音交互与用户进行对话并执行指令，常用于智能手机、智能家居、车载导航中。

教育辅助：对学生进行作业智能辅导，实现自动批改作业等。

6．发展趋势

自然语言处理技术的发展趋势主要包括深度学习算法的广泛应用、预训练语言模型的引入、跨模态自然语言处理的进步等。

深度学习算法的广泛应用：神经网络模型（如 RNN、LSTM、Transformer 等）在自然语言处理任务中的广泛应用，能显著提升模型性能。

预训练语言模型的引入：通过无监督学习在大规模文本数据上进行预训练，可为下游任务提供强大的通用语言表示。

跨模态自然语言处理的进步：整合文本、语音、图像等多种数据源，以实现多模态信息的理解与交互。

这些发展推动了自然语言处理技术在多个领域的应用，为自然语言处理在搜索引擎、智能客服、舆情分析、智能内容处理、数字虚拟人及医疗健康等多个领域的应用提供了强大的支持。近年来，大语言模型（如 GPT-3）得到应用，其能够生成类似人类的文本，驱动聊天机器人实现语言理解和生成等任务。

自然语言处理中包含的计算思维案例——计算机创作宋词

古诗词中也会有计算思维吗？宋词句子有长有短，便于歌唱。宋代人常通过宋词抒发自己的情感，那么计算机能创作宋词吗？

计算机能从宋词中找到一些共有的格式来发掘宋词背后的模式，继而可以创作出宋词，这就是模式归纳。模式归纳是指基于学科案例中蕴含的一些模式，形成一套独有的、可借助模式识别方法进行问题研究的流程。

计算机首先将宋词分解为不同的组成部分，然后识别每部分背后的模式和规律，并将它们抽象化和一般化，进而实现宋词创作，计算机创作宋词的步骤如图 1-10 所示。

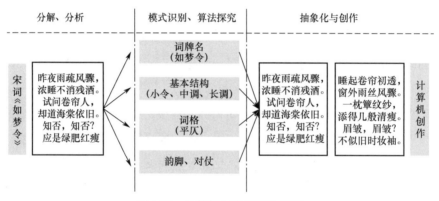

图 1-10　计算机创作宋词的步骤

（1）分解、分析：将要设计的宋词分解，并将它们划分成不同的组成部分。

（2）模式识别、算法探究：识别出词牌名、基本结构、词格、韵脚和对仗等。

（3）抽象化与创作：掌握宋词的结构，创作不同的宋词。

在计算机创作宋词的过程中，需要为计算机指定一个主题词和词牌名，这样计算机就可以创作对应的宋词。

1.3.3　计算机视觉

学习视频

1. 定义

计算机视觉是一门研究如何使机器"看"的科学，它涉及使用摄像头（或相机）和计算机代替人眼对目标进行识别、跟踪和测量等机器视觉活动，并进一步进行图形处理，使图像更适合人眼观察或将图像传送给仪器检测。计算机视觉是人工智能的一个重要分支，旨在通过算法让计算机识别和理解图像或视频中的内容，并模仿人类视觉系统的工作方式。

这一技术包括图像获取、处理、分析和理解等多方面，目标是让计算机具备类似于人类视觉的能力，包括感知、理解、分析、解释图像和视频数据。

2．原理

计算机视觉的研究内容如图 1-11 所示，即通过摄像头（或相机）和计算机代替人眼对目标进行识别、跟踪和测量等操作，并进一步进行图形处理。计算机视觉的基本任务包括信息采集、目标检测、特征定位及提取、图像识别等，其一般利用机器学习技术或深度学习算法来完成各项任务，大多是利用卷积神经网络（CNN）来创建图像的数值表示，通过卷积层从输入数据中筛选出有用信息。

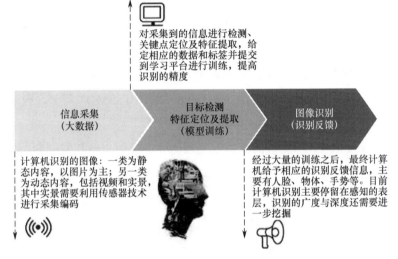

图 1-11　计算机视觉的研究内容

计算机视觉与其他科学和算法的关系如图 1-12 所示。

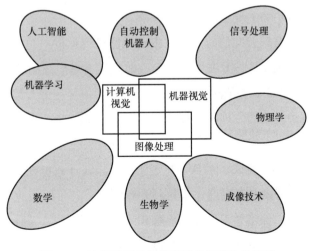

图 1-12　计算机视觉与其他科学和算法的关系

3．关键技术和算法

图像处理：包括图像滤波、边缘检测、图像分割、色彩空间转换等基础操作，用于预处理图像，提高后续算法的效率和准确性。

特征提取：识别和描述图像中的关键点、线条、纹理、形状等特征，如 SIFT、SURF、HOG 等传统特征描述子，以及深度学习模型需要提取的高级特征。

物体识别与检测：识别图像中特定类别的物体，如人脸、车辆、动物等，并确定其位置和大小。常见的算法包括滑动窗口法、模板匹配算法、基于深度学习的单阶段或多阶段检测算法（如 YOLO、Faster R-CNN 等）。其中人脸识别技术较为成熟，已应用于门禁系统、支付验证、社交平台中。

语义分割与实例分割：将图像像素分类到不同的语义类别（如天空、草地、建筑物等）中或识别出每个物体实例的精确边界，常见的算法包括 UNet、Mask R-CNN 等。

目标跟踪：在连续的视频帧中持续定位特定目标的位置，常见的算法包括光流法、卡尔曼滤波法、基于深度学习的跟踪算法（如 DeepSORT、FairMOT 等），应用于行人检测、车辆跟踪、体育赛事分析。

三维重建与深度估计：从二维图像中恢复或估计场景的三维几何信息，涉及立体视觉、结构光、激光雷达等技术，以及基于深度学习的单视图深度估计算法。

图像生成与编辑：利用生成对抗网络（GAN）、变分自编码器（VAE）等生成逼真的新图像，或对现有图像进行风格迁移、图像修复等操作。

强化学习与视觉导航：结合视觉信息进行智能体决策与自主导航，如在未知环境中基于视觉反馈学习行走策略，完成避障、目标搜索等任务。

4．发展趋势

计算机视觉的发展趋势主要包括以下几方面。

由图像生成视频：这一方向的研究正在推动计算机视觉技术的发展，使得机器能够根据图像内容自动生成视频，该技术在娱乐、教育等领域有着广泛的应用前景。

由文本生成图像：Stable Diffusion 等技术的进步，使得每个人都能够生成高质量和富有想象力的图像。这种技术的发展不仅提高了图像生成的质量，也为个性化内容创作提供了可能。

增强现实（AR）整合：随着消费级 AR 设备的推出，计算机视觉在提供沉浸式体验方面的应用将更为普及，特别是在制造、零售和教育领域。

深度学习广泛应用：深度学习已经在图像识别、物体检测、人脸识别等任务上取得了显著的成功，这标志着计算机视觉技术在模拟人类视觉感知过程方面取得了重要进展。

多学科交叉：计算机视觉是一个多学科交叉的领域，它与机器视觉、图像处理、人工智能等多个学科都有着密切的联系。这种多学科交叉促进了计算机视觉技术的快速发展和广泛应用。

综上所述，计算机视觉的发展趋势主要集中由图像生成视频、由文本生成图像、增强现实整合、深度学习广泛应用、多学科交叉等方面。这些趋势不仅推动了计算机视觉技术的发展，也为多个行业提供了新的解决方案和应用场景。

学习视频

1.3.4　知识图谱

1. 定义

知识图谱（Knowledge Graph）是一种先进的数据结构和知识管理工具，它通过对现实世界中的各类知识进行结构化组织，得到一个庞大而复杂的网络，以便于机器理解和人类使用。

简单来讲，知识图谱由节点（Point）和边（Edge）组成，每个节点表示一个实体，实体可以指代客观世界中的人、事、物，每条边表示一种关系，关系可以表达不同实体间的关系。本质上，知识图谱可以理解为以图结构存储的语义网络，知识图谱示例如图 1-13 所示。

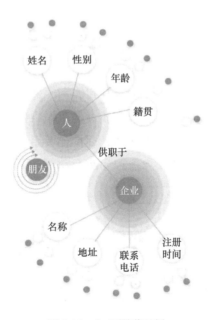

图 1-13　知识图谱示例

知识图谱相关的核心概念如下。

实体（Entity/Point）：知识图谱中的节点代表现实世界中的特定对象，如人、地点、事物、概念、事件等，这些对象称为实体。每个实体都有唯一的标识符，以便在知识图谱中被精确指代和引用。

关系（Relationship/Edge）：知识图谱中的边表示实体间的联系或交互，即实体间存在的某种特定关联。例如，"供职于""属于""导致"等关系连接着不同的实体，揭示它们之间的逻辑或语义联系。

属性（Attribute）：实体除了通过关系与其他实体相连外，还可以拥有自身的属性，如名称、类别、日期、数量等，这些属性进一步丰富了实体，提供了更详细的背景信息。

语义网络（Semantic Network）：知识图谱本质上是一种语义网络，这种网络结构使得知识能够以一种机器可读、易于推理的形式存在。通过明确的语义标签（如 RDF 三元组中的谓词），关系和属性的含义得以清晰表达，从而支持高级的语义查询和推理。

2．原理

构建知识图谱的过程是一个迭代更新的复杂过程，主要包括知识抽取、知识融合、知识加工三个阶段。

（1）知识抽取：从各种来源（如文本、数据库、专家系统、公开 API 等）中抽取或整合知识，这通常涉及自然语言处理、信息抽取、数据挖掘等技术。抽取之后，应采用标准或自定义的数据模型（如 RDF、OWL、Property Graph 等）将知识转化为结构化的数据。

（2）知识融合：解决知识来源的异质性、冗余和冲突问题，通过实体对齐、关系一致性和属性标准化等方法整合知识，确保知识图谱的连贯性和准确性。

（3）知识加工：定期或实时监测数据源变化，对新知识进行质量评估、去噪和校验，然后更新知识图谱，保持其时效性和可靠性。

知识图谱的构建技术主要分为自顶向下和自底向上两种方法。自顶向下的构建方法依赖于结构化数据源，如百科全书，需要从高质量的数据中抽取本体和模式信息。而自底向上的构建方法则从开放的数据源中抽取实体、属性和关系，这种方法更加灵活，能够处理更多种类的数据。知识图谱的基本构建流程如图 1-14 所示。

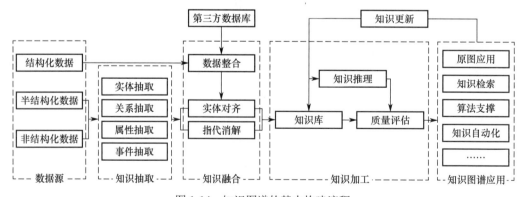

图 1-14　知识图谱的基本构建流程

知识图谱的关键技术包括实体识别、关系抽取等，它们是构建知识图谱的基础。实体识别主要是指从文本中识别出实体，如人名、地名、机构名等；关系抽取则是指从文本中抽取实体之间的关系。此外，知识图谱的可视化技术也非常重要，它可以帮助用户更直观地查看和分析知识图谱的数据。

3. 应用领域

知识图谱是一种强大的工具，它将海量信息以结构化、关联化的方式组织起来，不仅便于人类直观理解复杂知识体系，更为人工智能应用提供了坚实的知识基础，其在诸多领域有着广泛的应用。

搜索引擎：搜索引擎中的知识面板（知识图谱的一种）可以直接提供答案和相关信息，提升用户的搜索体验。

对话系统：知识图谱能够增强对话系统的问答能力和情境理解能力，使对话系统提供更精准、个性化的服务。

推荐系统：知识图谱能够基于用户兴趣、商品特性及复杂的关系推理，帮助推荐系统实现深度个性化推荐。

企业知识管理：知识图谱能够帮助企业构建内部知识库，促进知识共享、决策支持与业务洞察。

金融风控与反欺诈：利用知识图谱，相关机构能够识别异常交易模式，发现潜在风险关联，提升风险评估精度。

医疗健康：知识图谱能够帮助医疗机构整合临床数据、科研文献与专业知识，帮助医生进行诊断、治疗规划与药物研发。

教育：利用知识图谱，相关软件能够实现个性化教学资源推荐，进行智能答疑和知识路径规划，提升教学效果。

科学研究：知识图谱能够可视化科研知识结构，揭示学科发展趋势，辅助科研人员进行科研决策与创新发现。

【项目任务】

阅读人工智能技术相关文献，写出内容摘要报告。

项目 1.4   人工智能应用现状

我们即将迎来以人工智能技术为主导的第四次工业革命。常见的人工智能应用领域如图 1-15 所示。一方面，人类围绕人工智能积极布局了新兴领域，包括智能软硬件（语音识别、机器翻译、智能交互）、智能机器人（智能工业机器人、智能服务机器人）、智能运载工具（自动驾驶汽车、无人机、无人艇）、虚拟现实与增强现实、智能终端（智能手表、智能眼镜）、物联网基础器件（传感器件、芯片）等，形成了人工智能主题高端产业的聚集；另一方面，人工智能推动制造业、农业、教育、金融、医疗、家居产业在内的传统产业转型升级，形成了智能制造、智能安防、智慧农业、智能物流、智慧金融、自动驾驶、智能零售等新兴产业。

图 1-15　常见的人工智能应用领域

学习视频

1.4.1　智能制造

人工智能在智能制造方面的应用非常广泛，下面给出一些具体的应用示例。

1．预测性维护

通过监测传感器数据和使用机器学习算法，人工智能可以预测设备故障和维护需求，从而实现预测性维护。这可以减少设备停机时间，提高生产效率。预测性维护常应用于化工、重型设备、五金加工、3C 制造、风电等行业。

以数控机床为例，利用机器学习算法模型和智能传感器等技术，我们可监测加工过程中的切削刀、主轴和进给电机的功率、电流、电压等信息，辨识出刀具的受力、磨损、破损状态及机床加工的稳定性状态，并根据这些状态实时调整加工参数（主轴转速、进给速度）和加工指令，预判何时需要换刀，以提高加工精度、缩短生产线停工时间并提高设备运行的安全性。

2．质量控制和缺陷检测

人工智能视觉系统可以用于检测产品的质量问题和缺陷。例如，在制造业中，人工智能可以通过图像识别技术检测产品表面的瑕疵并检测出不良品。

例如，PVC 管材是常用的建筑材料之一，消耗量巨大，在生产包装过程中容易存在表面划伤、凹坑，水纹，麻面等诸多类型的缺陷，通常需要消耗大量的人力进行检测。采用了表面缺陷视觉自动检测后，其可以通过面积、尺寸最小值、最大值设定，自动进行管材表面杂质检测，最小检测精度为 0.15mm²，检出率大于 99%；其可以通过划伤长度、宽度的最小值、最大值设定，自动进行管材表面划伤检测，最小检测精度为 0.06mm，检出率大于 99%；其可以通过褶皱长度、宽度的最小值、最大值、片段长度、色差阈值设定，自动进行管材表面褶皱检测，最小检测精度为 10mm，检出率大于 95%，如图 1-16 所示。

图 1-16　表面褶皱检测

3. 自动化生产

机器人和自动化系统若配备了人工智能技术，则可以执行多种生产任务，如装配、包装、搬运和焊接，这可以大大提高生产效率和准确性。

制造业中有许多需要分拣的作业，如果采用人工进行作业，速度缓慢且成本高，还需要提供适宜的工作环境。如果采用工业机器人进行智能分拣，则可以大幅降低成本，提高分拣速度。

以分拣零件为例，需要分拣的零件通常并没有被整齐摆放，机器人虽然有摄像头可以看到零件，但不知道如何把零件成功地抓起来。在这种情况下，可以利用机器学习技术，先让机器人随机进行一次分拣动作，然后告诉它这次动作是成功抓到零件还是抓空了，经过多次训练之后，机器人就会知道按照怎样的顺序来分拣才有更高的成功率；分拣时抓哪个位置会有更高的抓起成功率；知道按照怎样的顺序分拣，成功率会更高。经过几个小时的学习，机器人的分拣成功率可以达到 90%，和熟练工人的水平相当，如图 1-17 所示。

4. 供应链优化

人工智能可用于优化供应链管理，以改进库存控制、物流计划和交付时间。这可以降低库存成本，提高物流效率。

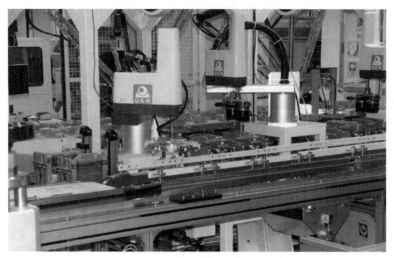

图 1-17 机器人分拣零件

例如，为了务实控制生产管理成本，本田汽车美国分公司希望能够掌握客户未来的需求会在何时产生，因此对 1200 个经销商的客户销售与维修资料建立预测模型，推算未来几年内车辆回到经销商维修的数量，将这些信息进一步转为预先准备各零件的指标。该转变让该公司已做到预测准确度高达 99%，并减少了 33% 的客诉时间。

需要注意的是，以上应用示例只是人工智能在智能制造方面的一部分应用，实际上，人工智能还有更多的应用场景和应用潜力等待发掘。同时，这些应用也需要结合具体的行业和企业特点进行定制和优化。

学习视频

1.4.2　智能安防

在人防、物防、技防的大安防市场中，人工智能发挥着越来越重要的作用，已经成为未来的发展方向，具体的应用示例如下。

视频监控与安全监控：人工智能技术通过图像识别、物体/人员跟踪、区域监控等手段，提高了监控效率，并能及时识别出异常事件和行为，帮助监控人员更好地保障公众安全。例如，SkeyeVSS 平台结合人工智能、物联网、云计算、大数据等技术，对视频监控场景中的人、车、物进行抓拍、检测与识别，对异常情况进行智能提醒和通知。

自主决策与事件识别：通过引入强化学习和自主决策算法，人工智能可以在监控系统中实现自主的事件识别和判断，并根据事先设定的策略和规则进行相应的决策和行动，如自动报警。

网络安全监控：人工智能通过学习和分析海量的网络数据和攻击模式，能够自动地识别和检测潜在的网络威胁。

城市安防：在人工智能、5G、物联网突破融合的趋势下，城市安防的发展越来越快，利用深度学习技术来理解视频内容，使得安防领域成为人工智能技术最大应用场景之一。

1.4.3 智慧农业

人工智能在农业领域的应用正逐渐展现出巨大的潜力，为农业生产提供了全新的解决方案，旨在提高农业生产效率，优化资源利用，保障食品安全，减少环境污染，并提升农民收益。以下是一些关键的应用示例。

无人机遥感监测：利用无人机搭载的遥感设备，我们可以对农田进行高效、定期的监测，实时获取植物生长状态、土壤质量、病虫害等信息，为农民提供准确的决策依据。

无人机精准施肥：结合无人机采集的农田数据和人工智能算法，我们可以根据植物的营养需求和土壤条件制定精准施肥方案，实现针对性施肥，减少农药和化肥的浪费，如图 1-18 所示。

图 1-18 无人机精准施肥

智能灌溉与节水系统：通过人工智能模型预测的天气、作物需水量、土壤湿度等因素，我们可以自动调整灌溉时间和水量，避免过度灌溉，节约水资源。同时，可以开发智能灌溉系统控制面板，显示当前土壤湿度、预测的未来需水量及即将执行的灌溉计划，如图 1-19 所示。

图 1-19 智能灌溉

1.4.4　智慧医疗

学习视频

人工智能在医疗领域的应用已经取得了显著的成果，从辅助诊断、药物研发到影像诊断，人工智能算法都发挥了重要作用。下面给出一些应用实例。

辅助诊断：通过机器学习等技术手段，让计算机"学习"专家医生的医疗知识，模拟医生的思维和诊断推理，给出可靠诊断和治疗方案。

药物研发：通过大数据分析、人工智能等技术手段快速、准确地挖掘和筛选出合适的化合物或生物，降低新药研发成本、提升新药研发迭代效率。

智能影像诊断：通过机器视觉等技术提高影像诊断的准确性和效率，如图 1-20 所示。

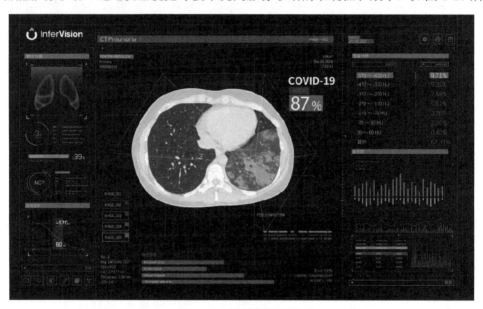

图 1-20　智能影像诊断

此外，人工智能还可用于智能问诊、健康管理、远程医疗等方面，为医疗事业的发展提供有力支持。人工智能在医疗领域的应用具有巨大的潜力，但同时也面临一些挑战。因此，在推动人工智能在医疗领域的应用和发展时，需要综合考虑技术、法律和伦理等多方面的因素，确保人工智能能够真正为医疗健康事业带来可持续的发展和福祉。

1.4.5　智能物流

学习视频

在智能物流领域，人工智能的应用不仅提高了物流效率，降低了成本，还大大提高了物流过程的安全性和准确性。以下是人工智能在智能物流领域的主要应用场景。

智慧仓储管理：利用机器视觉、进化计算等技术，开发出自动化仓库中的搬运机器人、货架穿梭车、分拣机器人等，优化仓储管理，如图 1-21 所示。

图 1-21　智慧仓储管理

　　物流自动化与智能化仓库管理：结合物流自动化和人工智能技术，实现智能化仓库管理、智能化物流配送、智能化运输管理，例如，可利用机器学习技术来优化库存。

　　供应链优化：将人工智能技术应用在供应链管理中，可通过大数据分析技术和智能决策系统等提高供应链的管理效率和经济性。

　　路线优化与交通管理：利用人工智能技术可以预测交通高峰期，动态调整物流车辆行驶路线，确保物流车辆行驶在最优的路径上，减少拥堵。

学习视频

1.4.6　智慧金融

　　金融领域是人工智能应用的重要领域之一。利用人工智能技术，我们可以通过数据挖掘、风险评估、智能投顾（机器人理财）等方式，提高金融服务的效率和质量，为金融机构和消费者带来更多便利。以下是人工智能在智慧金融领域的主要应用场景。

　　风险评估和信贷评分：通过分析大量的数据，如客户的信用记录、交易记录和社交媒体活动等，人工智能系统可以生成更准确的信贷评分，从而降低客户的违约风险。

　　智能投研与智能投顾：人工智能系统结合云计算、智能算法等技术，可为投资者提供个性化的投资建议和资产配置方案，帮助投资者优化投资组合，提高投资效率和收益。

　　量化交易：人工智能技术可用于自动化交易决策过程，其通过分析大量市场数据，帮助投资者快速识别交易机会，执行买卖操作，以期获得超额收益。

　　金融产品创新：通过模拟金融市场环境和业务流程，人工智能技术可以帮助金融机构开发新的金融产品和业务模式。例如，利用模拟建模技术，金融机构可以开发出更符合市场需求和风险偏好的金融产品，提高市场占有率和竞争力。

1.4.7　自动驾驶

学习视频

自动驾驶技术的发展正在改变交通运输的未来。人工智能在自动驾驶方面的应用是实现智能交通系统的关键。通过感知环境、做出决策和控制车辆，人工智能使车辆能够实现自主导航，提高行驶安全性和效率。自动驾驶技术的应用示例如下。

环境感知：自动驾驶汽车可通过多种传感器来获取道路和环境的信息，如激光雷达、摄像头、超声波传感器等，这些信息被 AI 芯片处理后，车辆可以实时感知交通信号、道路标志、其他车辆和行人，提高驾驶安全性。

规划决策：人工智能使得自动驾驶汽车能够在复杂的交通环境中对行车路径做出快速而准确的决策，例如，选择最安全的行驶路径或避免潜在的危险。

车辆控制：通过模糊控制和模型预测控制等技术，人工智能可以实现对车辆设备的精确控制，如调整车速、转向等，以适应不同的路况。

随着技术的不断进步，人工智能在自动驾驶中的应用也在不断发展和深化。例如，生成式 AI 有望推动仿真场景的发展，大幅提升泛化能力，帮助主机厂提升仿真场景数据的应用比例，从而提高自动驾驶模型的迭代速度、缩短开发周期。此外，端到端自动驾驶逐渐成为行业共识，这一理念在 2023 年得到了广泛认可。

1.4.8　智慧零售

学习视频

新冠疫情对传统零售企业造成了巨大的冲击，许多无法经受住考验的企业不得不退出市场。传统线下零售渠道开始出现发展疲软的状况，人工智能技术的发展成为零售业未来发展的良方之一。人工智能技术能够改变对零售商品及消费者数据的采集、分析和价值应用形式，加快促进零售业"人、货、场"的环状结构优化，从而重构消费者关系，刺激消费需求。下面给出人工智能在智慧零售领域的主要应用场景。

店铺管理：利用人工智能，通过大数据分析和机器学习算法，人们可以智能调整店铺的陈列布局和商品摆放位置，提升产品销售率。

商品推荐：利用人工智能，人们可以分析消费者的购买历史、个人喜好和行为模式，精准地为消费者推荐合适的商品。

预测用户消费行为：利用人工智能，人们可以精准判断出消费者的购买喜好、购买习惯和购物规律等信息，预测消费者的消费行为。

库存智能管理 ：利用人工智能，人们可以根据库存增加或减少来控制成本，以消费者需求的变化来精准预测和优化库存。

此外，人工智能在智慧零售领域还有供应链优化，运用人脸识别进行人群检测，商品识别，虚拟试衣等应用。这些应用不仅提高了零售业的运营效率和顾客满意度，还推动了零售行业向更加智能化、个性化的方向发展。

【项目任务】

任务 1 调查人工智能应用的最新进展，如助力法官断案、助力制药、辅助创作短片等。

任务 2 调查中小企业中的人工智能应用。

【参考资料】中小企业案例分析

（1）小红书如何运用人工智能洞察消费者的消费趋势？

① 通过人工智能技术分析用户互动：小红书使用人工智能技术分析用户互动，包括点赞、评论和分享等操作，以了解用户的消费趋势和偏好。

② 调整产品推广策略：小红书根据人工智能分析结果，调整其产品推广策略，以更好地满足用户需求。

③ 预测市场趋势：小红书利用人工智能分析历史销售数据和市场趋势，预测特定产品的需求量，从而减少库存积压和提高资金周转率。

（2）京东如何借助人工智能优化库存管理？

① 数据收集：京东收集了大量的历史销售数据、市场趋势数据和用户行为数据，以便对销售情况进行预测。

② 数据分析：京东利用人工智能技术对收集的数据进行深度分析，通过算法和模型来发现数据背后的规律和趋势，以便对销售情况进行预测。

③ 结果展示：京东将分析的结果以表格、图像等形式展示出来，以便能够更好地了解销售预测的情况。

（3）中小会计师事务所如何应用财务机器人？

① 自动化审计过程：中小会计师事务所通过使用财务机器人来自动化审计过程，提高审计效率和准确性。财务机器人可以执行重复性任务，如数据录入、计算、审核等，减少人为操作导致的错误，提高审计质量。

② 数据分析：财务机器人可以分析历史数据、实时数据和其他相关信息，以支持审计决策和为企业提供战略建议，这可以帮助企业更好地了解业务状况、识别风险和机会。

③ 监控和报告：财务机器人可以提供实时监控和报告功能，使管理层能够及时了解公司的财务状况和经营状况，以便更好地管理和控制企业。

（4）淘宝如何进行个性化推荐？

① 用户行为分析：淘宝通过人工智能技术分析用户的购买历史、行为习惯和偏好等信息，从而为用户提供个性化的推荐商品。

② 实时推荐：在用户浏览商品或购买商品后，淘宝会通过人工智能算法实时推荐相关商品，从而提高用户的购买转化率。

③ 用户体验优化：通过个性化推荐，淘宝能够更好地满足用户的需求，从而提高用户的忠诚度和满意度。

（5）百度营销大脑案例。

① 用户搜索行为分析：百度通过人工智能技术分析用户搜索行为，了解用户的意图和需求，从而优化关键词广告，提高广告的点击率和转化率。

② 广告投放优化：百度通过人工智能算法，根据用户的地理位置、兴趣爱好等，将广告投放到更精准的受众中，提高广告的覆盖率和转化率。

③ 数据分析与监控：百度通过人工智能工具，自动化地分析销售数据，提供更清晰、准确的销售趋势和业绩报告，帮助企业更好地了解销售情况。

（6）阿里云合规性检测案例。

① 监控能力：阿里云合规性检测服务提供强大的监控能力，其能够自动检测合同和交易是否符合反洗钱法规和其他合规要求。

② 安全性：阿里云合规性检测服务提供高度的安全性，其能够满足金融机构对数据安全性和隐私保护的需求。

③ 可靠性：阿里云合规性检测服务提供可靠的检测结果，其能够帮助企业避免因违反法律法规而导致的损失。

项目 1.5　人工智能云服务和云应用

学习视频

1.5.1　人工智能云服务

人工智能云服务（AI as a Service）是目前主流的人工智能平台的服务方式，它会对几个常见的人工智能服务进行准确划分，并通过云端提供单独或者打包的服务。这种模式类似于 WordPress 中的博客插件，用户可以根据自己的需要，以免费或者付费的方式下载并安装自己需要的博客插件。国内常见的人工智能云服务案例有阿里云、华为云、腾讯云、百度云等，它们都拥有自己的人工智能服务平台。

1.5.2　人工智能需要迁移到云端的原因

1. 原因分析

人工智能需要迁移到云端的原因有以下三点。

（1）随着数据规模的扩大，处理数据需要在云端或大型内部部署集群中进行，使用个人计算机存储会产生处理瓶颈和延迟。

（2）在云端可以更容易地探索不同的机器学习框架，云计算供应商可提供模型托管和部署选项，减少将这些功能集成到新产品或应用程序中的障碍。

（3）云计算的基于使用情况的定价模型对于机器学习工作负载很有效，而且云计算提供了中央存储库，可以提高数据准确性和模型可审计性。

2．云服务的优势

云服务就是部署在云端的服务，不属于私人部署的方式，它的主要优势如下。

（1）节约部署成本：传统人工智能服务部署运行成本非常高，而使用云服务可以减少成本。

（2）能运行海量数据和机器学习模型：未来人工智能系统必须能够同时处理百亿甚至千亿量级的数据，并且还需要进行自然语言处理或运行机器学习模型。

（3）降低用户使用人工智能服务的成本：用户使用部署在云端的人工智能服务时，不需要投入很多的精力和软硬件成本，只需要通过平台按需购买自己所需的服务并和自己公司的产品进行简单的系统对接就可以了。

1.5.3　人工智能云服务的类型

人工智能云服务根据部署方式可分为公有云、私有云、混合云，如图 1-22 所示。

图 1-22　人工智能云服务的类型

1. 公有云

公有云是指将服务的全部资源都放在云服务器上面的云，用户不需要购买软硬件设备就可以直接调用云服务。

优点：成本低廉、使用最方便，适合对数据安全要求不高的中小企业。

缺点：存在数据泄露的风险。

2. 私有云

私有云是指只将服务器提供给指定用户使用的云，其主要目的是保证用户的数据安全，增强企业对服务的管理能力。

优点：数据安全性最高，适合对数据安全有很高的要求的大企业。

缺点：搭建成本高，部署周期较长，并且后续需要有专门的运维人员来维护。

3. 混合云

混合云就是综合了公有云和私有云的特点的一种综合云，其将用户数据存储在本地，从而保证了数据的安全，将不敏感的节点放在公有云服务器上面进行处理。

1.5.4　体验人工智能云应用

人工智能云应用的案例有很多，例如，作为杭州第 19 届亚运会官方智能视觉服务独家供应商，商汤依托"商汤大装置 SenseCore+日日新 SenseNova 大模型体系"实现了 AI+AR 技术与亚运会赛事和亚运会文化的创新结合，构建了贯穿整个亚运会和亚残运会周期的多场景虚实融合赛事体验，让广大市民和运动员 AI 上杭州，畅享"智能亚运"。"智能"是第 19 届杭州亚运会的办赛理念之一。秉承"智能亚运"核心理念，商汤依托"智能亚运一站通"，为广大市民和各国观众带来一系列既好玩有趣，又便捷易用的亚运会 AR 应用和服务。

又如，"识花君"微信小程序是由腾讯"识所见"产品团队研发的，其通过人工智能技术，为用户提供智能识别植物服务，便于我们在生活中体验，如图 1-23 所示。其支持 6000 多种常见花草，用户拍照上传，其即可立刻识别，还支持把照片制作成精美卡片保存。

图 1-23　识花君

【项目任务】

任务　调查人工智能在图像识别、语音处理、自然语言处理等领域中的云应用案例。

项目 1.6　人工智能未来发展趋势

学习视频

随着科技的飞速发展，人工智能已经成为当今社会的热门话题。它不仅正在改变我们的生活方式，还在引领着一场全球性的技术革命。那么，在未来，人工智能又将呈现出哪些发展趋势呢？

技术进步：大语言模型如 ChatGPT 的发展是未来人工智能技术进步的重要趋势之一。此外，生成式 AI 的快速发展、多模态 AI 的兴起及实时多模态 AI 的普及也是关键的技术发展趋势。这些技术的进步将推动人工智能技术从单一模式向多模态转变，提高交互能力和应用范围。

应用领域扩展：人工智能技术将进一步融入各行各业的工作中，特别是在智能家居、智慧城市、智慧医疗、自动驾驶等领域打开全新的应用空间。这表明人工智能的应用将更加深入人们的日常工作和生活，成为推动社会进步的关键因素。

产业政策支持：政府高度重视人工智能发展机遇和顶层设计，发布多项人工智能支持政策。这些政策有利于人工智能产业的发展，促进技术通用性和效率化生产方向上的突破。

监管问题得到关注：随着人工智能技术的快速发展，其监管问题也将受到重视。这意味着未来人工智能的发展不仅需要技术创新，还需要在法律、伦理和社会责任等方面进行相应的规范和调整。

开源与专有系统共存：虽然开源 AI 模型将在未来几年将发挥关键作用，但最先进的 AI 系统，即那些推动人工智能前沿进步的系统，将继续是专有的。这表明未来的人工智能领域将是开源与专有系统并存的，两者相互促进，共同推动人工智能的进步。

【项目任务】

任务　探讨人工智能在未来几年内可能出现的新应用领域及现有领域应用可能出现的拓展。

项目 1.7　人工智能伦理问题

学习视频

人工智能正迅速改变着我们的生活方式、商业模式和社会互动方式。然而，这一技术的快速发展也引发了一系列道德和伦理问题。在人工智能应用中解决这些问题至关重要，以确保人工智能的发展不会对人类社会带来负面影响。

1. 人工智能伦理

人工智能伦理的重要性在于，其能确保人工智能技术的广泛应用不会对社会造成伤害。人工智能伦理是研究人工智能系统在影响人类生活时所涉及的道德和伦理问题的领域，这些问题包括但不限于：

隐私问题：许多人工智能应用需要访问和处理用户的个人数据，如果没有适当的伦理和法律框架约束，这些数据可能会被滥用，导致用户隐私被侵犯和信息泄露。

偏见问题：人工智能算法可能在处理数据时表现出偏见，导致不公平的结果。例如，在招聘中使用人工智能系统筛选简历时，如果算法限制了对性别或种族的选择，那么其将会对求职者造成不公平的局面。

透明度和责任问题：当人工智能系统出现问题时，需要能够追溯责任并采取纠正措施。缺乏透明度和责任制度可能导致难以确定问题的责任归属。

人机互动的道德伦理问题：人工智能系统在与人类进行互动时，有些行为可能无法满足道德伦理标准。

2．解决人工智能伦理问题的方法

解决人工智能伦理问题是确保人工智能技术对社会产生积极影响的关键，需要政府、行业、研究机构和每个人的共同努力。只有通过综合的方法，我们才能确保人工智能在遵从道德和伦理标准的基础上取得成功，并造福于整个人类社会。

解决人工智能伦理问题是一个复杂的任务，但也有一些方法。

1）制定法律和法规

政府和国际组织可以制定法律和法规，要求开发者和使用者遵守。这些法律和法规包括隐私法、反歧视法等，以及对人工智能系统透明度要求的法规。

2）合作和标准制定

国际合作和标准制定是解决跨国伦理问题的关键。国际组织和行业协会可以共同制定人工智能伦理标准，以确保全球人工智能伦理问题的一致性。

3）提高透明度和可解释性

提高人工智能系统的透明度和可解释性是解决伦理问题的关键。研究人员应努力使人工智能算法的决策过程可解释，以便审查和调查。

4）伦理道德教育

教育和培训可以帮助开发者和使用者更好地理解伦理问题，并采取相应的行动。伦理道德教育可以提高人们对伦理问题的敏感性。

习题 1

一、选择题

（1）电影《她》中，人工智能 Samantha 最终与多少个操作系统融合？

    A．1 个   B．10 个   C．674 个   D．1000 个

（2）在《西部世界》中，哪个角色是园区的创造者？

    A．Dolores Abernathy   B．Robert Ford

    C．Teddy Flood   D．Maeve Millay

（3）人工智能这一术语最早是在何时被提出的？

    A．20 世纪 40 年代   B．20 世纪 50 年代

C．20 世纪 60 年代　　　D．20 世纪 70 年代

（4）下列哪项不是人工智能的起源学科？

　　A．计算机科学　　　　B．心理学　　　　C．数学　　　　D．土木工程

（5）机器学习中的监督学习需要哪种类型的数据集？

　　A．不带标签的数据集　　　　　　　　B．带标签的数据集

　　C．只有数字的数据集　　　　　　　　D．文本数据集

（6）自然语言处理的主要目标之一是什么？

　　A．使计算机能够理解人类语言

　　B．提高计算机的计算速度

　　C．增强计算机的存储能力

　　D．改善计算机的图形显示

（7）人工智能在医疗领域的应用不包括以下哪项？

　　A．辅助诊断　　　　B．患者监护　　　C．建筑设计　　　D．药物研发

（8）自动驾驶汽车主要依赖哪种人工智能技术？

　　A．机器学习　　　　B．自然语言处理　　C．计算机视觉　　D．知识图谱

（9）人工智能云服务不提供以下哪种服务？

　　A．数据存储　　　　B．计算　　　　C．软件部署　　　D．硬件销售

（10）将人工智能迁移到云端的主要原因不包括哪项？

　　A．利用云计算的强大计算资源　　　　B．降低本地硬件成本

　　C．提高数据安全性　　　　　　　　　D．实现资源共享

（11）下列哪项不是人工智能未来可能的新应用领域？

　　A．空间探索　　　　B．深海探测　　　C．传统手工艺　　D．环境监测

（12）人工智能在未来教育领域的应用可能不包括哪项？

　　A．个性化学习计划　　　　　　　　　B．在线虚拟教师

　　C．完全替代人类教师　　　　　　　　D．智能评估学生表现

（13）人工智能伦理问题不包括以下哪项？

　　A．数据隐私　　　　B．算法偏见　　　C．艺术创作　　　D．责任归属

（14）下列哪项不是解决人工智能伦理问题的方法？

　　A．加强立法监管　　　　　　　　　　B．提升算法透明度

　　C．完全依赖自动化决策　　　　　　　D．增强公众对 AI 的理解

二、简答题

（1）请简述人工智能起源于哪些学科领域，至少列举两个，并各写出一个里程碑事件。

（2）解释监督学习与无监督学习的区别。

（3）描述机器学习、自然语言处理、计算机视觉和知识图谱各自的核心概念，并各举一个应用示例。

（4）为什么人工智能需要迁移到云端？至少给出两个理由。

（5）分析一个云 AI 应用案例，解释其如何利用云计算提升性能和扩展性。

（6）智慧医疗如何通过人工智能改善患者诊断和治疗过程？

（7）探讨在未来 5 年内，人工智能可能在哪些新领域发挥作用，如虚拟现实或环境监测。

三、实践任务

任务 1　查一查，国内有哪些人工智能相关的机构和企业。

任务 2　谈一谈你感兴趣的人工智能发展领域。

项目 2 AIGC 应用

【项目背景】

随着人工智能技术的飞速发展，大模型技术已成为人工智能领域的重要分支。大模型凭借其强大的表示能力和泛化能力，在自然语言处理、计算机视觉、语音识别等领域取得了显著成果。然而，如何将这些技术应用于实际场景，实现人工智能生成内容（Artificial Intelligence Generated Content，AIGC）技术的应用与实践，是当前我们面临的重要挑战。

【知识导图】

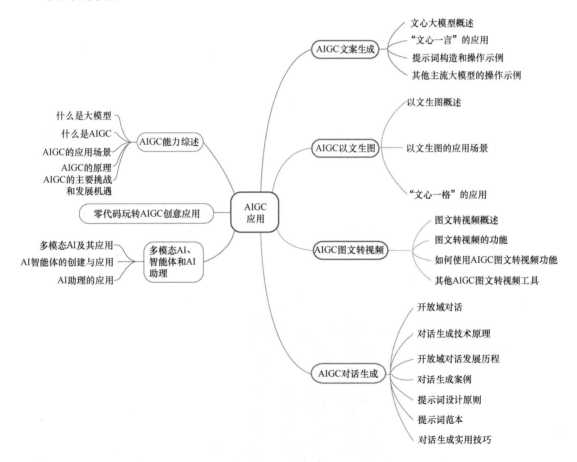

【思政聚集】

1. 技术创新与社会责任

AIGC 引领了一个新的内容创作时代。在这个时代，内容创作的主体不再局限于人类，人工智能也可以成为内容创作的主体。AIGC 作为一种新兴技术，在其发展过程中，我们需要关注技术创新与社会责任的关系。在追求技术创新的同时，我们也需要考虑其对社会的影响，积极履行社会责任，避免技术滥用或使该技术产生负面影响。

2. 内容创作的伦理与规范

虽然 AIGC 的出现使得内容创作更加便捷和高效，但也带来了一些伦理与规范问题。例如，人工智能生成的内容是否应该标注来源、如何保证内容的真实性和公正性等。这些问题需要我们在推动 AIGC 发展的同时，加强对相关伦理和规范的探讨和制定。

3. 人类与机器的互动与协作

在 AIGC 时代，人类和机器将进行更多的互动和协作。这需要我们思考如何在这种互动和协作中保持人类的主体地位和价值，同时也需要关注机器对人类的影响，如何避免机器取代人类等伦理问题。

项目 2.1　AIGC 能力综述

2018 年，艺术史见证了全球首次由 GAN（生成对抗网络）技术创作的肖像画在国际知名拍卖行佳士得以成功拍出的创举。这幅名为 *Edmond de Belamy* 的人工智能制作的艺术品（如图 2-1 所示），在 2018 年 10 月 22 日于纽约举行的拍卖会上，最终以 432 500 美元成交，此举标志着人工智能艺术创作进入了全新的纪元。

随着时间的推移，人工智能的艺术创作能力突飞猛进，不仅局限于视觉艺术（如图像生成），还能通过先进的语言模型实现从文本到图像的创造性转化（以文生图），生成如图 2-2 所示的跨模态作品。此外，人工智能的艺术创作边界不断拓展，例如，在语言生成领域，其展示出了更为丰富多元的艺术表现形式和无限可能，如图 2-3 所示。

图 2-1　GAN 生成的肖像画

无边落木萧萧下，不尽长江滚滚来

图 2-2　以文生图作品

诗词创作	文案生成
春风轻拂花， 细雨滋养生。 秋月较洁夜， 冬雪覆山景。 人生如梦幻， 岁月似流冰。 珍惜当下时， 心怀感激情。	品牌：锃亮 类目：清洁 品类：鞋油 功效：清洁+去污+保养 让皮鞋焕发新生，擦出锃亮光彩！使用锃亮牌鞋油，一次清洁、去污、保养，全面解决皮鞋问题。让你告别繁琐的护理，轻松享受光亮如新的皮鞋。选择锃亮，选择品质，选择专业。让你的皮鞋焕发新生活力，让你自信地迈向每一个重要时刻。

故事创作
在北极圈的寒冷夜晚，一位名叫艾丽亚的小女孩凝视着天空，她听说过神秘而美丽的极光，渴望一睹它们的壮丽景色。 　　有一天，当夜幕降临时，艾丽亚看到了璀璨的极光在夜空中舞蹈。她惊叹地仰望着它们，感受到一股神奇的力量在心中涌动。 　　极光的色彩变幻无常，如梦似幻，像是一场大自然的魔法。艾丽亚感觉自己像进入了一个神秘的仙境，心中充满了喜悦和惊叹。 　　她看到极光绽放出绿色、紫色和粉红色的光芒，像是天空中的彩虹。每一次闪烁都像在给大地送来祝福，艾丽亚感受到了生命的活力和宇宙的无限之美。 　　艾丽亚知道这是一次珍贵的邂逅，她默默许下心愿：希望全世界的人都能亲眼见到这美丽的极光，感受到大自然的奇迹。 　　当艾丽亚离开时，她带走了心中对极光的记忆，并决心将这份壮丽与喜悦分享给所有人。从此以后，每当夜幕降临，她都会向人们讲述天空中那令人陶醉的极光故事。

图 2-3　语言生成

　　人工智能的创作能力还体现在智能视频产生上。在 2021 年河南卫视春节联欢晚会上，一个中国古典舞蹈作品《唐宫夜宴》带领观众一秒穿越到大唐盛世。在 2022 年央视春节联欢晚会上，舞蹈《只此青绿》则延续了国潮主题风格，以诗句的形式再现宋朝《千里江山图》的动人心魄。那么，这些古典风的舞蹈作品，遇见人工智能技术，又会出现怎样的碰撞？

2021 年 4 月 16 日，百度公司举办认知 AI 创意赛决赛。在赛前的致辞中，百度集团副总裁吴甜展示了一个对《唐宫夜宴》和《只此青绿》的介绍视频。这个两分钟的视频正是依托 AI 大模型等技术自动生成的。

2024 年 2 月 16 日，OpenAI 发布首个视频生成模型 Sora，其完美继承 DALL·E3 的画质和指令遵循能力，能生成长达 1 分钟的高清视频。

Sora 生成的龙年春节视频中，红旗招展、人山人海，有紧跟舞龙队伍抬头好奇观望的儿童，也有用手机跟拍的群众，人物角色各有各的行为（可扫描二维码观看）。

视频

Sora 还生成了一位时髦女士漫步在东京街头的视频，她周围是温暖闪烁的霓虹灯和动感的城市标志（可扫描二维码观看）。这些应用都属于 AIGC 和大模型的应用范围。

视频

AIGC 基于人工智能内容产生图片、文字、视频等，为大模型提供广泛的新场景。大模型基于预训练的通用模型，让 AIGC 成为可应用的技术，这就是 AIGC 和大模型的关系，如图 2-4 所示。

图 2-4　AIGC 和大模型的关系

目前，生成式 AI 与大模型的技术发展已经经历了三次浪潮，第一次浪潮是以 GPT 模型为代表的大模型的涌现，第二次浪潮是大模型应用层的创新，第三次浪潮是将人工智能进一步深入业务场景中。

2.1.1　什么是大模型

大模型，也称为"大规模预训练模型"（Large Pretrained Language Model），其已经成为人工智能的新方向。大模型可在大规模无标签数据上进行训练，学习出一种特征和规则。基于大模型进行应用开发时，将大模型进行微调（利用下游小规模有标签数据进行二次训练）甚至不进行调整，我们就可以完成多个应用场景的任务，实现通用的智能。大模型能够充分地挖掘大规模无标签数据的潜力，从海量数据中学习知识与规律，就像我们人类的学习机制一样，完成从通识教育到专业教育的转换，如图 2-5 所示。

学习视频

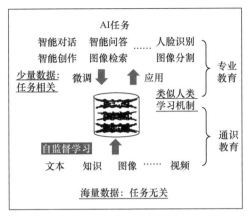

图 2-5　大模型的通用能力

拥有了大模型后，我们可以从之前的需要依赖专家的手工调参阶段进入大规模可复制的工业落地阶段。

2019 年起，百度相续发布文心大模型 ERNIE 1.0、ERNIE 2.0、ERNIE 3.0 等；2020 年 5 月，OpenAI 发布大规模生成语言模型 GPT-3.0；2022 年 4 月起，OpenAI、谷歌、微软相继发布以文生图大模型，视觉创作持续火热。2024 年 2 月 15 日（美国当地时间）OpenAI 正式对外发布人工智能以文生视频大模型 Sora，但是 OpenAI 并未单纯将其视为视频模型，而是将其作为"世界模拟器"。

国内外的典型大模型如表 2-1 和表 2-2 所示，大模型发展的关键节点如图 2-6 所示。近年来，国内大模型的发展展现出了蓬勃的生机，形成了多元共进、创新竞发的活跃态势。

表 2-1　国内的典型大模型

国内企业	大模型名称	参数量（个）
百度	文心大模型	2600 亿
腾讯	混元大模型	—
阿里巴巴	通义大模型	10 万亿
华为	盘古大模型	千亿级
字节跳动	豆包大模型	—
商汤科技	日日新 SenseNova	300 亿
浪潮信息	源 2.0-M32	2457 亿
昆仑万维	天工大模型	双千亿级

表 2-2　国外的典型大模型

国外企业	大模型名称	参数量（个）
OpenAI	GPT-4、DALL-2	万亿级
谷歌	Bard、PaLM2	千亿级
Meta	LLaMA	70 亿～650 亿
亚马逊	BLOOM	1760 亿
NVIDIA	Megatron-Turing NLG	5300 亿
Microsoft	Kosmos-1	13 亿
Anthropic	Claude	520 亿

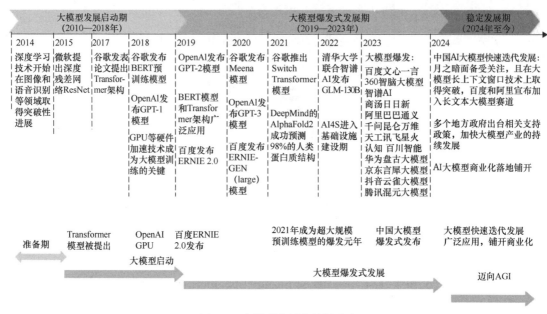

图 2-6　大模型发展的关键节点

2.1.2　什么是 AIGC

AIGC 是利用人工智能技术来生成文字、图像、音频、视频等内容的方式。AIGC 被认为是继 UGC（用户生成内容）和 PGC（专业生成内容）之后的新型内容生产方式，有潜力为元宇宙创造大量的丰富和多样的内容。AIGC 在 2022 年的发展速度惊人，迭代速度呈现指数级增长，市场空间也十分巨大。

2.1.3　AIGC 的应用场景

AIGC 的应用场景很多，涉及文字、图像、音频、视频、游戏等多种内容的生成。

文字生成：根据用户的输入和要求，自动生成新闻、文章、摘要、标题、广告等文本内容。

图像生成：根据用户的输入和要求，自动生成手绘、卡通、素描等风格的图像，并支持对图像进行修复、增强、转换等操作。

音频生成：根据用户的输入和要求，自动生成语音、音乐、声效等音频内容，并支持对音频进行分离、合成、转换等操作。

视频生成：根据用户的输入和要求，自动生成视频内容，并支持对视频进行剪辑、增强、转换等操作。

游戏开发：根据用户的输入和要求，自动生成游戏场景、故事、角色、动作等内容，并支持对游戏进行优化、调整等操作。

多模态生成：根据用户的输入和要求，自动生成跨越不同模态（如文本、图像、音频、视频）的内容，如由文本生成图像、由图像生成文本、由文本生成视频等。

2.1.4　AIGC 的原理

AIGC 强大的内容生产力，能大幅提升内容生产的质量与效率，更好地满足用户的需求。AIGC 的原理主要涉及自然语言处理、机器学习和深度学习等技术。通过分析、学习和模拟大量的语言数据，AIGC 能够理解和生成自然语言，进而生成各种类型的内容，如文字、图像、音频等。

大模型的优势在于效果好、通用性强、泛化能力强。效果好是指表现能力强、效果让用户满意；通用性强是指能提供通用的统一建模方式；泛化能力强是指能举一反三，能进行少量样本学习。

【项目任务】

任务 1　为 AIGC 编写一个简短的介绍。

任务 2　描述 AIGC 的能力。

任务 3　解释 AIGC 的原理。

任务 4　基于现有的技术和市场趋势，预测 AIGC 未来的发展方向和应用场景。

2.1.5　AIGC 的主要挑战和发展机遇

当前 AIGC 的主要挑战如下。

技术不成熟：AIGC 技术尚未完全成熟，在生成内容的质量、多样性、一致性和可控性等方面仍存在技术挑战。

数据隐私和安全：使用 AIGC 技术时，需要大量的数据用于训练，而数据的收集和处理可能会引发数据隐私和安全问题。

存在法规和伦理问题：AIGC 技术涉及版权、隐私和数据保护等问题，需要制定相应的法规来规范 AIGC 的使用。AIGC 技术的使用可能会产生一些伦理问题，如歧视、偏见等。在使用 AIGC 技术时，需要遵循伦理原则，避免对社会产生负面影响。

当前 AIGC 的发展机遇如下。

优化业务路径：使用 AIGC 技术优化企业当前的业务路径，包括优化成本结构和优化管理结构。

提高内容生产效率：使用 AIGC 技术自动生成文章、视频、图片等内容，提高内容生产效率，降低制作成本。

加快迭代速度：随着 AIGC 技术的不断进步，其迭代速度有望呈现指数级增长。

拓宽应用领域：AIGC 将在更多的领域中得到应用，如教育、医疗、娱乐等，为传统产业带来创新和变革，推动经济发展。

与人类协作更密切：在 AIGC 未来的应用中，人们更加注重 AIGC 与人类的协作，而不仅仅是用 AIGC 替代人类的工作。

创造更多价值：AIGC 将创造更多的价值，有望成为未来 3D 互联网的基础支撑。

项目 2.2　AIGC 文案生成：生成自然流畅的文本内容

AIGC 可以通过自然语言处理和文本生成技术自动生成具有创意和吸引力的广告文案。AIGC 文案生成的核心技术是人工智能和自然语言处理中的深度学习，它可以理解用户的输入，分析文案的目标、风格、语气、结构等要素，并根据海量的文本数据和行业知识，生成符合用户期望的文案内容。AIGC 不仅可以生成单个文案，还可以生成一系列的文案方案，让用户有更多的选择和灵感。

目前，国内自然语言处理领域的研究机构和企业有很多，如中科院计算所、清华大学、百度、腾讯、阿里巴巴等。

在国际上，谷歌、Meta、OpenAI 等科技巨头在自然语言处理领域取得了一系列重要的突破。例如，谷歌推出的 BERT 模型和 OpenAI 推出的 GPT 系列模型，都在多个自然语言处理任务上取得了超过人类水平的表现。

2.2.1　文心大模型概述

学习视频

近年来，以 GPT-4、Transformer 为代表的大规模预训练模型带来了人工智能领域新的突破，它们强大的通用性和卓越的迁移能力，掀起了预训练模型向大规模参数化发展的浪潮。然而，现有的大规模预训练模型，主要依赖纯文本学习，缺乏大规模知识指导学习，模型能力存在局限。

文心大模型研究者进一步挖掘大规模预训练模型的潜力，基于深度学习平台飞桨的分布式训练技术优势，首次在百亿级预训练模型中引入大规模知识图谱，提出了海量无监督文本与大规模知识图谱的平行预训练方法（Universal Knowledge-Text Prediction），通过将大规模知识图谱的实体关系与大规模文本数据同时输入预训练模型中进行联合掩码训练，促进了结构化知识和无结构文本之间的信息共享，大幅提升了模型对于知识的记忆和推理能力。

研究者提出了将通用语义表示与任务语义表示相结合的模型框架，该框架融合自编码和自回归等不同的任务语义表示网络，既可同时处理语言理解和语言生成任务，还能做无标签数据的零样本学习（Zero-shot Learning）和有标签数据的微调（Fine-tuning）训练。文心大模型的基本框架如图 2-7 所示，其核心特点是多范式统一训练和通用知识文本预测。

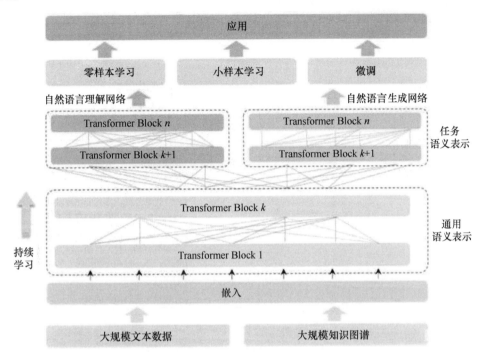

图 2-7　文心大模型基本框架

文心大模型通过对海量文本与知识的学习，无须专门训练，即可进行文学创作，包括续写小说、歌词创作、作诗、对对联、知识推理、科技文稿创作等，如图 2-8 所示。

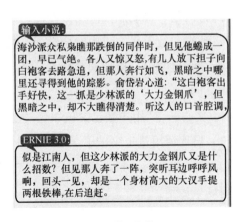

（a）续写小说

图 2-8　文心大模型进行文学创作

输入歌词：
早知惊鸿一场，何必情深一往，昨日人去楼空泪微凉，道不尽缘本无常。

ERNIE 3.0：
情难断，心难了，爱难忘，情难求，人难舍。

输入诗词：
十载柜逢酒卮后,故人才见便开眉。

ERNIE 3.0：
一别今朝两月秋,重来相见酒频投。不堪回首忆当时,几度春风醉不休。

输入上联：
口十心思，思乡，思友，思父母。

ERNIE 3.0：
眼四面观，观景，观人，观自己。

（b）歌词创作　　　　　　　　（c）作诗　　　　　　　　（d）对对联

问题：
发明加减消元法的数学家所在国家有那些品牌的汽车?

ERNIE 3.0：
有很多，比如奔驰、宝马、奥迪、大众、保时捷。

（e）知识推理

输入科技文稿：
自动驾驶汽车又称无人驾驶汽车、电脑驾驶汽车、轮式移动机器人，是一种通过电脑系统实现无人驾驶的智能汽车。

ERNIE 3.0：
其最大的优势是可以完全自动化，驾驶人只需在方向盘上输入目的地，车辆即可自动驾驶。自动驾驶汽车可能在短时间内无法实现商业化。目前世界上已有多家公司在研发自动驾驶汽车。目前，自动驾驶的概念主要被定义为无人驾驶，即车辆无须人类驾驶员操作即可自动行驶。自动驾驶汽车通常由电脑控制，可以自动识别道路、交通标志，自动规划行车路线，自动控制车辆速度，并可对所行驶车道、时间、路段等进行设定，最终自动安全地到达目的地。

（f）科技文稿创作

图 2-8　文心大模型进行文学创作（续）

2.2.2　"文心一言"的应用

"文心一言"（ERNIE Bot）是百度全新一代知识增强大语言模型，是文心大模型家族的新成员，能够与人对话、回答问题、协助创作，高效便捷地帮助人们获取信息、知识和灵感。"文心一言"从数万亿数据和数千亿知识中融合学习，得到预训练大模型，在此基础上采用有监督微调、人类反馈强化学习、提示词等技术，具备知识增强、检索增强和对话增强的技术优势。

截至 2024 年 4 月 16 日，"文心一言"用户数已突破 2 亿，API（Application Programming Interface，应用程序编程接口）日均调用量也突破了 2 亿，服务客户数达到 8.5 万，千帆平台 AI 原生应用数超过 19 万。2024 年 9 月 4 日，"文心一言 APP"升级为"文小言 APP"。

"文心一言"的常见应用场景如下。

1．作文生成

"文心一言"可以利用其语言生成能力，帮助学生构思作文大纲，提供写作灵感，甚至生成作文段落。例如，给定 2024 年高考语文作文试题（如图 2-9 所示），"文心一言"能够生成作文的开头、结尾和中间的论点论据（如图 2-10 所示）。

2024 年高考语文作文试题
新课标 1 卷

阅读下面的材料,根据要求写作。 (60 分)

随着互联网的普及、人工智能的应用,越来越多的问题能很快得到答案。那么我们的问题是否会越来越少?

以上材料引发你怎样的联想和思考?请写一篇文章。

要求:选准角度,确定立意,明确文体,自拟标题;不要套作,不得抄袭:不得泄露个人信息:不少于 800 字。

图 2-9 2024 年高考语文作文试题

百度文心一言 3.5

《知识之海,问题之舟》

在互联网的浩渺海洋中,人工智能如灯塔般照亮了我们寻找答案的道路。随着科技的飞速发展,我们似乎能够在一瞬间找到心中的疑惑,解决问题变得前所未有的高效与便捷。然而,这是否意味着我们的问题将会越来越少,甚至终将消失呢?

答案,或许并非如此。因为,问题的本质并非在于它们是否能够得到解答,而在于它们如何激发我们的好奇心,如何推动我们不断地探索与前进。正如苏格拉底所言:"我唯一知道的就是我一无所知。"这位古希腊哲人的智慧,提醒我们即使身处信息爆炸的时代,依然需要保持一颗谦逊的心,对未知保持敬畏,对问题保持好奇。

互联网和人工智能的发展,为我们提供了一个前所未有的平台,让我们可以轻松地获取知识和信息。但这并不意味着我们的问题会因此而减少。相反,随着我们知识的积累,我们的视野会变得更加开阔,我们的思维会变得更加活跃,我们的问题也会变得更加深刻和复杂。这些问题,或许是关于宇宙的奥秘,或许是关于人类心灵的探索,它们将引导我们不断向前,追求更高层次的知识和理解。

同时,我们也不能忽视一个问题:虽然互联网和人工智能为我们提供了丰富的知识和信息,但它们并不能代替我们的思考和判断。在这个信息过载的时代,我们需要更加谨慎地筛选和鉴别信息,以免被错误的观点和信息所误导。此外,我们还需要培养自己的批判性思维能力,对问题进行深入的思考和分析,从而得出更加准确和可靠的答案。

因此,我们不应该因为互联网和人工智能的发展而减少对问题的思考和探索。相反,我们应该更加珍视每一个问题,因为它们是我们成长和进步的阶梯。我们应该保持一颗好奇的心,不断地提出新的问题,不断地追求新的知识和理解。正如爱因斯坦所说:"我没有什么特别的才能,不过喜欢寻根刨底地追究问题罢了。"这位伟大的科学家的成就,正是建立在他对问题的执着追求和深入思考之上的。

在这个知识爆炸的时代,我们的问题并不会减少,反而会更加丰富和深刻。让我们珍惜每一个问题,用我们的好奇心和求知欲去探索未知的领域,追求更高层次的知识和理解。因为,正是这些问题,让我们成为更好的自己。

图 2-10 "文心一言"生成的作文

2. 歌词生成

"文心一言"具有高度灵活且富有创造性的文字处理能力,可以基于不同的关键词和标题创作歌词,其生成的歌词风格多样且内容丰富。例如,给定标题《星空下的誓言》和关键词"浪漫、梦想、永恒","文心一言"生成的歌词如图 2-11 所示。

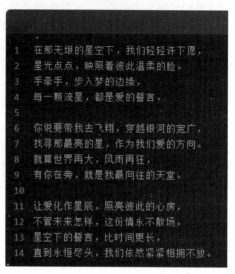

标题：《星空下的誓言》

关键词：浪漫、梦想、永恒

1　在那无垠的星空下，我们轻轻许下愿，
2　星光点点，映照着彼此温柔的脸。
3　手牵手，步入梦的边缘，
4　每一颗流星，都是爱的誓言。
5
6　你说要带我去飞翔，穿越银河的宽广，
7　找寻那最亮的星，作为我们爱的方向。
8　就算世界再大，风雨再狂，
9　有你在旁，就是我最向往的天堂。
10
11　让爱化作星辰，照亮彼此的心房，
12　不管未来怎样，这份情永不散场。
13　星空下的誓言，比时间更长，
14　直到永恒尽头，我们依然紧紧相拥不放。

图 2-11　"文心一言"生成的歌词

3．营销文案生成

"文心一言"展现出了强大的创造力和智能化处理能力，可以将结构化的商品信息转换为吸引人的营销文案，如图 2-12 所示。

类目：衣物护理
品类：洗衣液
功效：温和-安全，清洁-去除污渍/灰
人群：婴幼儿
根据以上商品信息，写段约100字的营销文案。

"守护宝贝娇嫩肌肤，选择我们的婴幼儿专用洗衣液。温和安全配方，无刺激无残留，给予宝宝最贴心的呵护。强力清洁，轻松去除衣物上的各种污渍与灰尘，让衣物如新般柔软舒适。爱宝宝，就给他最纯净的洗涤体验！"

图 2-12　"文心一言"生成的营销文案

2.2.3　提示词构造和操作示例

学习视频

一个优秀的提示词（Prompt）的基本格式应为：根据[参考信息]、完成[动作]、达成[目标]、满足[要求]等，如图 2-13 所示。

（1）参考信息：包含"文心一言"完成任务时需要知道的必要背景和材料，如报告、知识、数据库、对话上下文等。

（2）动作：需要"文心一言"解决的事情，如撰写、生成、总结、回答等。

图 2-13　提示词

（3）目标：需要"文心一言"生成的目标内容，如答案、方案、文本、图片、视频、图表等。

（4）要求：需要"文心一言"遵循的任务细节要求，如按照××格式输出、按照××语言风格撰写等。

1．提示词构造示例

一个优秀的提示词应清晰明确且具有针对性，能够准确引导模型理解并回答问题。下面，让我们看一下什么是不好的提示词，什么是优秀的提示词。

1）不好的提示词示例

如图 2-14 所示，"写一首山和树林的诗。""下面的题帮我讲一下。"提示词清晰且直接，但缺乏具体性。"撰写一篇有关大语言模型可信性的论文。"提示词范围宽泛，要求高。

> 写一首山和树林的诗。
>
> 下面的题帮我讲一下。
>
> 撰写一篇有关大语言模型可信性的论文。

图 2-14　不好的提示词示例

2）优秀的提示词示例

示例 1：请以唐代诗人的身份，在面对黄山云海时，根据已有唐诗数据，撰写一篇作者借由眼前景观感叹人生不得志的七言绝句，并严格满足七言绝句的格律要求（如图 2-15 所示）。

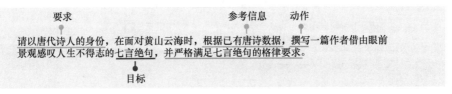

图 2-15　优秀的提示词示例 1

示例 2：请以高中数学老师的身份，在高中课堂上，根据《高中数学必修一》内容，逐步解答学生关于集合的数学问题，并给出解题步骤及相关知识点（如图 2-16 所示）。

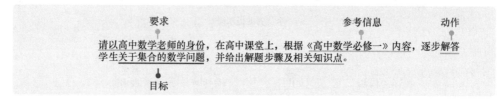

图 2-16　优秀的提示词示例 2

2．操作示例

使用百度引擎搜索"文心一言"，在弹出的搜索结果页面中，直接单击"体验文心一言"按钮，如图 2-17 所示，弹出文心大模型 3.5 页面，在页面的文本框中输入提示词，如图 2-18 所示。

图 2-17　单击"体验文心一言"按钮

图 2-18　在页面的文本框中输入提示词

示例 1：为"大宝"产品创作广告文案。

在文本框中输入"请参考其他知名化妆品品牌文案，为大宝这款产品创作十个吸睛的广告文案"，结果如图 2-19 所示。

> 请参考其他知名化妆品品牌文案，为大宝这款产品创作十个吸睛的广告文案
>
> 1. "大宝在手，自然美无忧！经典守护，每日滋养新肌密，让美丽简单如初。"
> 2. "岁月悠悠，大宝常伴左右。一抹温润，时光仿佛轻轻绕过，青春容颜，大宝守护。"
> 3. "从晨光初照到星河满天，大宝与你同行，滋养每一刻，绽放自信光芒，美丽不设限。"
> 4. "不只是护肤品，更是记忆的味道。大宝，国民之选，温和滋养，让爱传递，美丽共享。"
> 5. "简约不简单，大宝深谙自然之道。一瓶在手，滋养全身，焕发由内而外的健康光彩。"
> 6. "告别繁复，拥抱大宝。经典配方，科学配比，轻松一抹，肌肤焕发自然活力，美丽触手可及。"
> 7. "大宝，不仅是妈妈的选择，更是时代的记忆。传承经典，创新未来，让美丽跨越时光，绽放永恒。"
> 8. "在每一个日常，大宝都是你最贴心的伴侣。温和不刺激，深层滋养，让肌肤喝饱水，焕发自然好气色。"
> 9. "从青涩到成熟，大宝见证你的每一次蜕变。不仅仅是滋养，更是心灵的慰藉，让美丽从心开始。"
> 10. "选择大宝，就是选择了一份安心与信赖。几十年品质保证，万千家庭的选择，让美丽成为生活的一部分，大宝与你同行，美丽无限可能。"

图 2-19　为"大宝"产品创作广告文案

示例 2：编写年会活动策划方案。

在文本框中输入"你是一名活动策划专家，请编写一份公司年会活动策划方案，策划方案需要包含目标、行动计划、风险与应对措施"，结果如图 2-20 所示。

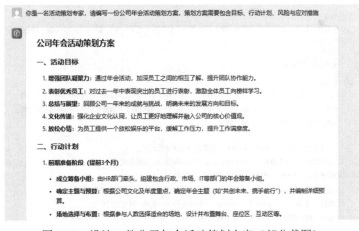

图 2-20　设计一份公司年会活动策划方案（部分截图）

示例 3：根据用户的喜好和需求，生成个性化的广告和营销内容。

在文本框中输入"你是一位小红书种草博主，请写一篇关于'阿玛尼口红'的种草推文，要求每一行都带有 emoji 的表情，标题夸张吸引人，分享自己的真实使用场景；最后吸引大家点赞，评论，加话题 tag。"结果如图 2-21 所示。

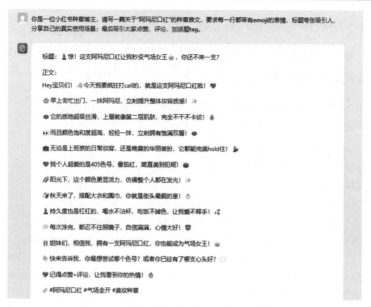

图 2-21 生成个性化的广告和营销内容

2.2.4 其他主流大模型的操作示例

1）ChatGPT

示例 1：输入"你知道约瑟夫·坎贝尔的《英雄之旅》这本书吗？这本书阐述了一个英雄故事的 12 步历程，请列出这 12 步历程。"结果如图 2-22 所示。

You

你知道约瑟夫·坎贝尔的《英雄之旅》这本书吗？这本书阐述了一个英雄故事的12步历程，请列出这12步历程。

Share Save

ChatGPT

约瑟夫·坎贝尔的《英雄之旅》（The Hero's Journey）是一种叙事模式，他在他的著作《千面英雄》（The Hero with a Thousand Faces）中提出。这个模式描述了很多传统故事和神话中英雄的典型旅程，通常分为12个步骤，如下：

1. **平凡世界（The Ordinary World）**：英雄的常态生活和起点。
2. **召唤冒险（The Call to Adventure）**：英雄接收到挑战或冒险的邀请。
3. **拒绝召唤（Refusal of the Call）**：初步的迟疑或拒绝。
4. **遇见导师（Meeting with the Mentor）**：英雄遇到帮助他开始冒险的导师或助手。
5. **跨越门槛（Crossing the Threshold）**：英雄离开平凡世界，开始他的冒险。
6. **试炼、盟友和敌人（Tests, Allies, and Enemies）**：英雄在冒险中遇到各种挑战和伙伴。
7. **接近最深的洞穴（Approach to the Inmost Cave）**：英雄接近他的主要目标或任务的核心区域。
8. **至暗时刻（The Ordeal）**：英雄面临最大的挑战，经历重大的危机。
9. **获得奖赏（The Reward）**：经历过至暗时刻后，英雄获得了某种形式的奖赏。
10. **回程之路（The Road Back）**：英雄开始返回平凡世界。
11. **复活（Resurrection）**：英雄在最后的考验中重生或更新，通常这是他的最后一次面对死亡的危险。
12. **带着魔法礼物返回（Return with the Elixir）**：英雄带着获得的奖励（可能是物质的、知识的、或精神上的）返回，用以帮助他的原始世界。

图 2-22 英雄故事的 12 步历程

示例 2：输入"我想请你用这个英雄故事的 12 步历程的故事结构，来撰写《贝瑞历险记》这个绘本。这个绘本的读者是 4 至 7 岁的孩子，所以，请用他们能够听懂的语言来撰写。每个阶段 100 字左右"。结果如图 2-23 所示。

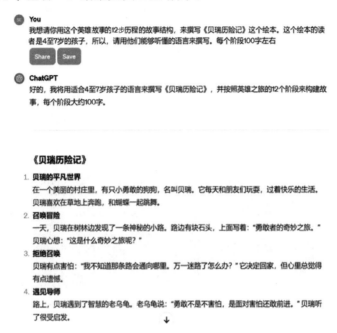

图 2-23　撰写《贝瑞历险记》绘本（部分截图）

2）Kimi

示例 1：输入"现在你是一个爆款朋友圈销售文案运营专家，我现在需要你助我完成关于养生茶的朋友圈文案，写成连贯文字格式，字数约 200 字。"结果如图 2-24 所示。

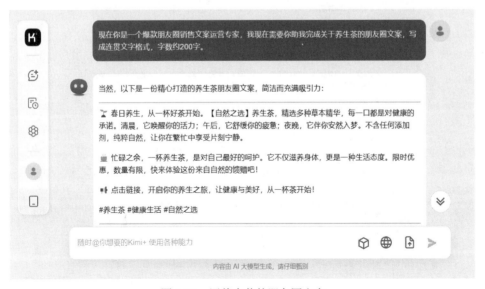

图 2-24　写养生茶的朋友圈文案

示例 2：写一个讲座通知。输入内容的提纲如图 2-25 所示，输出结果如图 2-26 所示。

---

what: 写一个讲座通知。

who: 你是一个活动组织专家。

why: 面向楚商联合会员工，主要目的是吸引大家来听这个讲座，最终提升大家的数字化素养。

how:

1、内容：AI 前沿知识、AI 在各行业落地案例、AI 人才如何培训、AI 实操演练。

2、标准：语气轻松接地气、字数 1000 字以内。第一部分是背景，第二部分是讲座内容（含讲师介绍），第三部分是讲座议程，含时间、地点、报名要求、联系人。

3、时长：一个半小时至两小时。

4、地点：腾讯会议。

5、讲师：行业技术专家。

图 2-25　讲座通知提纲

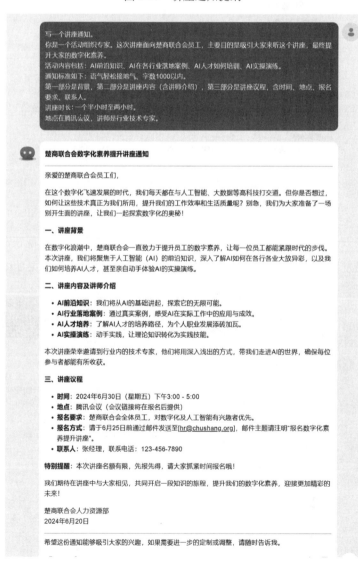

图 2-26　写讲座通知

【项目任务】

任务 1　根据产品特点和目标受众，使用 AIGC 生成一段吸引人的营销文案。

任务 2　根据市场趋势和竞争对手的营销策略，使用 AIGC 生成应对策略和相应的营销文案。

任务 3　使用 AIGC 为不同的营销活动（如促销、活动推广等）生成有创意和有吸引力的营销文案。

任务 4　评估 AIGC 生成的营销文案的效果，并根据反馈进行优化和改进。

项目 2.3　AIGC 以文生图：基于文字描述生成图像

2.3.1　以文生图概述

学习视频

以文生图是 AIGC 框架中的一个关键技术，是指通过文字描述，将文字转化为图像并展示出来。AIGC 以文生图具有自动化程度高、精度高、可扩展性强、可定制化等优势，具有广泛的应用前景，可以为人们提供更便捷高效的绘图解决方案。

AIGC 以文生图的功能主要包括以下两点。

（1）文字转图像：将输入的文字转化为图像，使文本更加生动。

（2）图像定制：用户可以选择不同的颜色、字体、背景、作画风格等，定制自己喜欢的图像。

目前，热门的以文生图模型是 CompVis、Stability 和 LAION 等公司研发的 Stable Diffusion 模型，其是一个完全开源的模型（代码、数据、模型全部开源）。

Stable Diffusion 模型是基于 Latent Diffusion Models（LDMs，潜在扩散模型）的以文生图模型，在 UNet 中引入了文本条件（Text Condition）来实现基于文本生成图像的功能。Stable Diffusion 模型的主体结构如图 2-27 所示，主要包括三个模块：

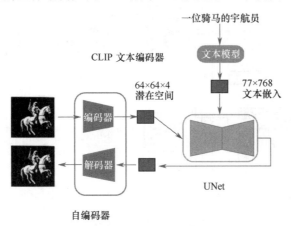

图 2-27　Stable Diffusion 模型的主体结构

（1）自编码器（Autoencoder）：编码器（Encoder）将图像压缩到潜在空间（Latent Space）中，而解码器（Decoder）将潜在空间解码为图像；

（2）CLIP 文本编码器（Text Encoder）：CLIP 是一种基于对比学习的多模态模型，该 CLIP 的文本编码器（Text Encoder）是一个 Transformer（转换器）模型，提取输入文本的文本嵌入（Text Embeddings），通过交叉注意力（Cross Attention）方式将其送入扩散模型 UNet 中作为条件，其中，交叉注意力是一种在 Transformer 模型中的注意力机制，其可以对两种不同文本嵌入序列进行混合；

（3）UNet：扩散模型的主体，用来实现文本引导下的潜在空间生成。

图 2-28 为 Stable Diffusion 模型网络结构图。

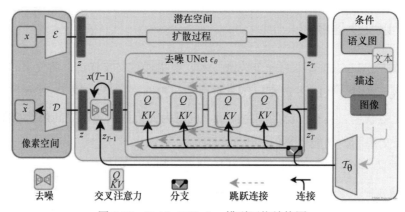

图 2-28　Stable Diffusion 模型网络结构图

可以看出，Stable Diffusion 模型在生成图像的过程中，主要包括两个输入，一是提示词（Prompt），二是种子（作用是生成噪声图），以固定的种子和固定的分辨率生成的噪声图是固定的，模型以此为基础进行图像生成。噪声图并不是一张图片，而是潜在空间的一种表示。图像生成过程如图 2-29 所示。

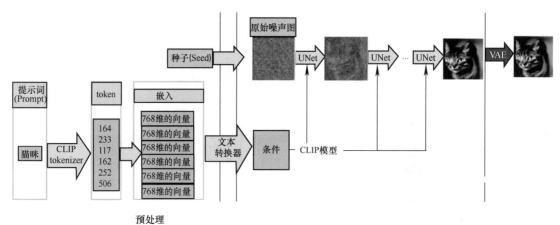

图 2-29　图像生成过程

2.3.2　以文生图应用场景

AIGC 以文生图技术的发展对各个行业都产生了深远的影响，具有众多的应用场景，常见的应用场景如下。

（1）艺术生成：快速高效地生成绘画作品、服装纹理、艺术素材等，为用户提供灵感和创意。

（2）广告创意生成：快速生成各种类型的广告和素材，也可以根据用户需求生成个性化的广告，缩短广告制作成本和时间。

（3）游戏和影视：帮助用户快速制作多种类型的场景特效和角色模型。

（4）专业设计：将 AI 作画与专业领域的知识相结合，如 3D 建模、医疗、工业设计、建筑设计、教育等，先由 AI 根据提示制作粗略的草图，再由专业人员完成后续工作。

2.3.3　"文心一格"的应用

学习视频

"文心一格"是 AI 绘画创意与探索基地，在"文心一格"中，用户只需输入自己的创意文字，并选择期望的画作风格，即可快速获取由"文心一格"生成的 AI 画作。如果你是画师、设计师等专业的视觉内容创作者，"文心一格"将成为你激发灵感的创作小助手；如果你是媒体人、编辑、写手、作者等文字内容创作者，"文心一格"将成为你的智慧图库；如果你是 AI 绘画爱好者，"文心一格"将为你提供一个零门槛的绘画创作平台，让每个人都能展现个性化格调，享受艺术创作的无限乐趣。

例如，全球首个 AI 山水画作以 110 万元落槌成交，该画作就是由"文心一格"续画的陆小曼未尽稿，连同著名海派画家乐震文补全的同名画作《未完·待续》，如图 2-30 所示。

彩图

图 2-30　画作《未完·待续》（左：乐震文补全稿，中：陆小曼未尽稿，右："文心一格"完成稿）

"文心一格"的操作示例如下。

步骤 1：使用百度引擎搜索"文心一格"，在弹出的搜索结果页面中，进入"文心一格"官网，选择"AI 创作"选项卡，如图 2-31 所示。

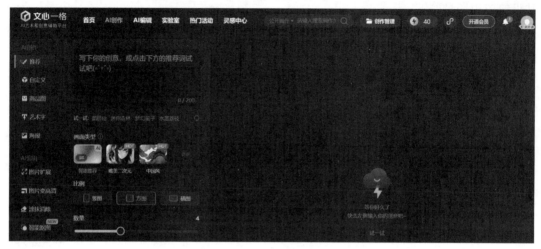

图 2-31　　"AI 创作"选项卡

步骤 2：在输入框中输入绘画创意，然后调整"画面类型""比例""数量"等参数，再单击"立即生成"按钮，如图 2-32 所示。生成的结果如图 2-33 所示，单击界面右上角的"创意管理"按钮，可查看历史生成记录。

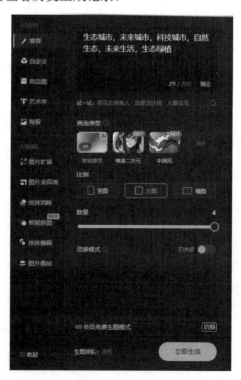

图 2-32　在输入框中输入绘画创意

彩图

图 2-33　生成的结果

调整参数时可进行如下调整。

（1）画面类型：画面类型下提供了多种风格，初学者可以首选"智能推荐"风格。

（2）比例：选择待生成的画作尺寸。

（3）数量：选择生成的画作数量，单次最多可以生成 9 张。

步骤 3：单击图片可查看大图，同时可在右侧工具栏中进行下载、分享、画作公开、添加标签等一系列操作；在界面右下角的星星图标处，可以为画作评分，如图 2-34 所示。

彩图

图 2-34　查看和操作画作

除此之外，我们还可以选择高级自定义模式进行以文生图或以图生图，具体操作读者可自学完成。

在应用"文心一格"生成画作时，使用标准的提示词（Prompt）进行生成会有更好的效果，下面介绍提示词的使用和优化。

1．什么是提示词

与和人类画师沟通作画诉求相似，我们需要使用一组特殊形式的"文本描述"来告诉"文心一格"需要生成什么样的画作，这就是所谓的提示词。

提示词基本格式如下：

提示词=画面主体+细节词+风格修饰词

例如，当你想要绘制一幅动漫风格的美丽的少女半身像时，可输入提示词"美丽的少女，萌，半身像，二次元，动漫"，其中"美丽的少女"是画面主体，"萌，半身像"是细节词，"二次元，动漫"是风格修饰词，生成结果如图 2-35 所示。

提示词：美丽的少女，萌，半身像，二次元，动漫

彩图

图 2-35　生成动漫风格的美丽的少女半身像

2．怎样优化提示词

在熟悉提示词的格式后，用户可以发挥创意来优化提示词，更清晰地表达画作细节，这样"文心一格"会绘制出更为惊艳的画作。

陈述清晰是一个高效的创作习惯，如果你只告诉"文心一格"想要绘制"月下的美丽少女，动漫"，往往 AI 并不知道你想要什么样的人物形象，此时可以优化提示词，优化前后的画作如图 2-36 所示。

需要注意的是，提示词优化是一个反复试错的过程，如果你发现了不错的提示词，可以记录下来，与网友分享。

除了"文心一格"，还有其他的以文生图模型，例如，我们可以使用钉钉的 AI 助理进行图片生成。在钉钉的 AI 助理中输入："你现在是一名从业 8 年的旅游摄影专家，帮助我生成一张图片：舟山渔民在东海上捕捞梭子蟹的场景"，结果如图 2-37 所示。

提示词：月下的美丽少女，动漫

提示词：
绝美壁纸，古装少女，月亮夜晚，祥云，古典纹样，月光柔美，花瓣飘落，多彩炫光，镭射光，浪漫色调，浅粉色，几何构成，丰富细节，唯美二次元

彩图

图 2-36 优化 Prompt 语句前后的画作

图 2-37 渔民捕捞场景

【项目任务】

任务 1 为某个品牌或产品制作宣传海报，海报内容应吻合产品特点、品牌理念等信息。

任务 2 生成个性化的头像或表情包。根据自己的喜好、风格等信息，生成符合自己要求的头像或表情包图片。

任务 3 为某个活动或事件制作邀请函。生成的邀请函图片应包含活动主题、时间、地点等信息，方便用户发送给受邀者。

任务 4 为某个网站或应用程序制作界面。界面应符合网站或应用程序的主题、功能等，能提升用户体验和吸引力。

项目 2.4 AIGC 图文转视频：生成包含丰富动态素材的视频

2.4.1 图文转视频概述

学习视频

图文转视频（Text to Video，TTV）技术由百度"百家号"推出，以 AI 技术驱动内容生产。这项技术基于自然语言处理，可以利用创作者发布的图文内容自动生成视频，具备摘要提取、脚本改写、素材检索及智能匹配、内容情绪还原等能力，能大幅提升视频创作效率，视频生成质量已接近真人制作水平。

TTV 技术能对文本内容进行情感化分析，自动匹配符合情绪的背景音乐、表情特效、人物动画、弹幕效果等，让内容呈现形式更加鲜活；还可以自动匹配海量图表、关系网等动画模板，让人物、事件关系表达更丰满。基于大模型的 TTV 技术框图如图 2-38 所示。

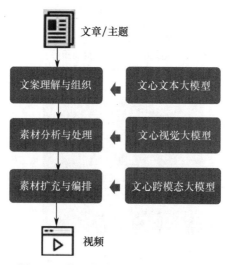

图 2-38 基于大模型的 TTV 技术框图

2.4.2   图文转视频的功能

图文转视频技术支持如下功能。

（1）一键生成：能够根据用户输入的文本和图片，在分钟级时间内自动生成视频。

（2）摘要提取：能够精准提取文章核心概要，智能凝练视频语言。

（3）脚本改写：支持文本语言智能转化，实现口语化改写。

（4）情绪还原：能够智能分析文本情感，自动匹配音乐、动画效果。

（5）事件脉络：能够分析内容关系，自动梳理事件脉络。

（6）海量素材：可进行超多的视频、图片、音乐素材选择。

（7）多维动效：支持表情、人物动画、弹幕、配音等多维动效。

（8）虚拟主播：可实现超写实虚拟主播自动播报，还原真人效果。

2.4.3   如何使用 AIGC 图文转视频功能

"百度智能云一念"是基于百度文心大模型打造的内容创作平台，集文、图、视频等多种内容模态于一体，旨在助力企业更便捷高效地获取内容创作灵感和营销资料。下面以"百度智能云一念"为例，介绍使用 AIGC 图文转视频功能的步骤。

步骤 1：账号授权。登录"百度智能云一念"官网，注册、认证后即可使用，长期使用需加入会员，如图 2-39 所示。

图 2-39 "百度智能云一念"官网

步骤 2：视频内容输入和设置。单击"AI 视频"按钮，进入视频内容输入和设置界面，如图 2-40 所示。

输入视频内容并选择素材和配置（包括布局、标题、模板、配音、背景音乐）后，单击"生成视频"按钮即可生成相应的视频。

图 2-40　视频内容输入和设置界面

2.4.4　其他 AIGC 图文转视频工具

下面介绍 8 款 AIGC 图文转视频工具，它们分别是闪剪、通义舞王、一帧妙创、巨日禄、艺映 AI、D-Human 数字人、灵动人像 Liveportrait 及 DreamAvatar。

1）闪剪

闪剪是一款 AI 视频剪辑工具，其界面如图 2-41 所示。它可以根据用户提供的视频和文字，自动生成一段精彩的视频。闪剪的优点是使用非常方便快捷，用户只需提供视频和文字，该工具就可以快速生成一段视频，大大提高了视频制作的效率。而且，闪剪生成的视频质量很高，可以满足大多数用户的需求。

图 2-41　闪剪界面

2）通义舞王

通义千问是阿里云开发的大规模语言模型，旨在提供高效、准确的自然语言处理服务。它能够理解和生成多种类型的文本内容，包括但不限于回答问题、撰写文章、创作故事、编写代码等，广泛应用于智能客服、内容创作、教育辅导等多个领域。

除了文本处理能力，通义千问还不断拓展其应用场景和技术边界，例如，推出了"通义舞王"这样的创新功能，利用 AI 技术为用户提供更加丰富和有趣的互动体验。

"通义舞王"允许用户通过上传一张照片来生成个性化的舞蹈视频。这个功能基于阿里通义实验室自研的视频生成模型 Animate Anyone 实现，该模型利用深度学习和大规模数据训练技术，能够精确捕捉和保留原始照片中的面部表情、身材比例、服装乃至背景等特征，并将这些特征应用到不同的舞蹈动作上，从而生成既逼真又富有创意的舞蹈视频。

用户可以通过选择不同的舞蹈模板制作属于自己的个性化舞蹈视频。这项技术不仅适用于真实人物的照片，也可以用于动漫或游戏中的角色图像，极大地扩展了其应用场景。

"通义舞王"一经推出，便受到广泛的关注和好评，成了近期大模型领域非常受欢迎的应用之一。如果你对这项技术感兴趣，可以尝试在通义千问 App 中使用它，体验如何让你的照片中的角色或人物翩翩起舞。

3）一帧妙创

一帧妙创是一款 AI 动画生成工具，它可以根据用户提供的文字和图片，自动生成一段动画，其界面如图 2-42 所示。一帧妙创的优点是使用方便快捷，用户只需要提供文字和图片，就可以快速生成一段动画，大大提高了动画制作的效率。此外，一帧妙创的动画质量很高，可以满足大多数用户的需求。

图 2-42　一帧妙创界面

4）巨日禄

巨日禄是一款全网性能卓越的故事 AI 绘画转视频工具，旨在让零基础用户也能轻松上手，快速实现从文案到视频的制作。巨日禄通过分析大量的剧本数据和影视作品，为用户提供各种类型的故事情节和角色设置，帮助用户快速找到灵感，降低构思剧本的难度，一站式解决小说、漫画推文写作等需求。巨日禄的注册界面如图 2-43 所示。

图 2-43　巨日禄的注册界面

5）艺映 AI

　　艺映 AI 作为一款 AI 视频制作工具，旨在帮助用户更高效、便捷地创建高质量的视频内容。该工具利用 AI 技术简化视频编辑过程，如自动剪辑、智能配乐、语音转文字、特效添加等，使没有专业视频编辑技能的人也能轻松制作出专业的视频作品。艺映 AI 的界面如图 2-44 所示。

图 2-44　艺映 AI 的界面

6）D-Human 数字人

D-Human 数字人是一款 AI 数字人制作工具，它可以根据用户提供的图片和视频，自动生成一个数字人，其界面如图 2-45 所示。D-Human 数字人的优点是允许用户定制数字人形象，并能高还原度地克隆声音，支持生成多种形式的视频，如数字人播报视频、数字人直播视频、短视频等。

图 2-45　D-Human 数字人界面

7）灵动人像 Liveportrait

灵动人像 Liveportrait 是一款 AI 数字人直播工具，它可以根据用户提供的图片和视频，自动生成一个数字人并进行直播，其界面如图 2-46 所示。灵动人像 Liveportrait 的特点是操作简单，用户只需要输入一张人脸正面图片和一段文字或音频，即可生成专业的视频内容，如产品介绍视频、教学视频、趣味视频等。

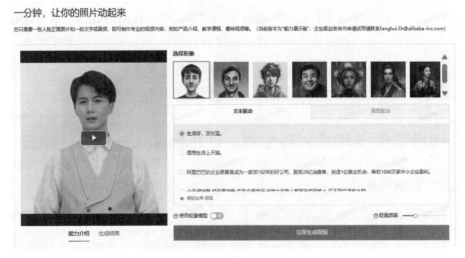

图 2-46　灵动人像 Liveportrait 界面

8）DreamAvatar

DreamAvatar 是一款由美图公司打造的 AI 数字人生成工具，其通过数字人技术帮助内容生产者创作更高效、更有趣的视频。DreamAvatar 可生成两种类型数字人：一是写实数字人，通过文字、照片、视频或 3D 扫描，打造真人数字分身，支持形象和声音的定制；二是风格化数字人，通过拍照、捏脸、换装等方式，打造个性十足的数字人，实现多种造型和风格自由搭配，其官网如图 2-47 所示。

图 2-47　DreamAvatar 官网

【项目任务】

任务 1　将一组图片和文字描述自动转换成短视频，要求视频内容与文字描述相符合，画面流畅、清晰，且具备一定的视觉冲击力。

任务 2　将一系列产品图片和相关介绍自动转换成产品展示视频，要求视频能够突出产品的特点和优势，提高产品的吸引力和竞争力。

任务 3　将一篇文章或博客自动转换成视频形式，要求视频内容与文章主题相符，画面与文字内容协调一致，同时加入相应的动画和视觉效果，提升观众的观看体验。

任务 4　将一系列社交媒体帖子自动转换成短视频，要求视频内容与帖子主题相关，画面简洁明了，能够吸引目标受众的关注。

项目 2.5　AIGC 对话生成：让机器像人一样进行交流

2.5.1　开放域对话

人机对话主要有以下三种类型。

（1）任务完成：完成用户给出的特定任务，如电影票预订、机票预订、音乐播放等。

（2）问答型对话：以问答方式进行人机交互，用户有明确的需求，直接询问系统找答案。

（3）开放域对话：用闲聊方式进行人机交互，机器需要模拟人类的语言习惯和人类聊天。

近几年，开放域对话的研究非常火热。在工业界，开放域对话的需求也很旺盛。当前，在智能音箱、智能屏等设备上都有开放域的对话需求，同时像虚拟人、虚拟助手等应用都涉及开放域对话技术。

2.5.2 对话生成技术原理

对话生成技术是端对端的技术，其会将当前询问的上文整体输入模型，模型对其进行编码、解码后输出回复。这种模型也需要语料库来训练，但这类语料库主要是用来离线训练的，训练后，模型能学会根据输入生成对应回复。对话生成技术的实现示例如图 2-48 所示。

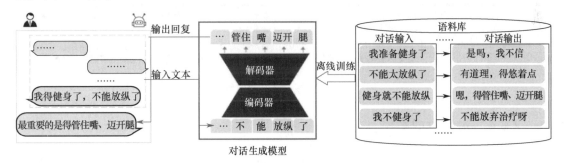

图 2-48 对话生成技术的实现示例

2.5.3 开放域对话发展历程

对话系统的进化，离不开底层语言模型的进化，每一次语言模型的更新，都代表一次计算架构和学习范式的迭代，给对话系统的发展与演变带来了深刻的影响。从 NLM（自然语言理解，如 LSTM，GRU）、预训练语言模型（PLM，如 BERT、GPT），再到如今几乎统治一切自然语言处理任务的大型语言模型（LLM），每一次语言模型的进化都对对话系统的研究方向和研究重心产生了一定的影响。从 2019 年开始，人们就进行了开放域对话大模型的研究，这个技术使生成式对话有了质的提升。

开放域对话的发展历程可以分为三个阶段：

第一阶段是专家系统阶段。这个阶段主要通过专家设计对话的规则和脚本来构建对话系统。

第二阶段从 2010 开始，是检索式对话系统阶段。检索式对话系统通过检索排序的方式从语料库中找到与用户当前输入比较匹配的回复。回复的内容都是在语料库中的，小冰、

Siri 等都属于这类系统。

第三阶段从 2019 年开始，是大模型生成阶段。开放域对话领域不断诞生出了大模型生成对话技术，通过端到端的方式生成回复，如百度的 PLATO、谷歌的 Meena 和 Meta 的 Blender。

其中，PLATO 是百度于 2019 年 10 月首次发布的，2021 年 9 月，PLATO-XL 被推出，其是全球首个百亿参数对话预训练生成模型。其一举超过 Meta 的 Blender、谷歌的 Meena 和微软的 DialoGPT，成为全球首个百亿参数中英文对话预训练生成模型，再次刷新了开放域对话效果，打开了对话模型的想象空间。PLATO-XL 将模型的规模推进至 110 亿，是当前最大规模的中英文对话生成模型。开放域对话模型的发展历程如图 2-49 所示。

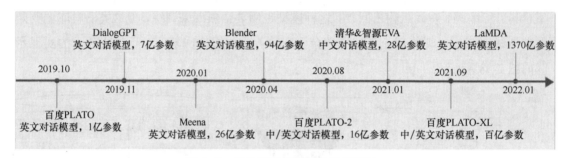

图 2-49　开放域对话模型的发展历程

2.5.4　对话生成案例

下面以 Kimi 大模型为例，展示对话生成案例。

Kimi 是由北京月之暗面科技有限公司（Moonshot AI）开发的一款智能助手，它在 AI 大模型领域以卓越的长文本处理能力而著称，其功能特点如下。

多语言对话：可以用中文和英文进行流畅的对话。

长文本处理：能够处理和理解长达 20 万字的文本，其 200 万字上下文处理功能处于内测中。

文件阅读：可以阅读和分析 TXT、PDF 文档，Word 文档、PPT 幻灯片和 Excel 电子表格等。

网页内容解析：可以解析用户发送的网页链接，并结合解析内容回答问题。

搜索能力强：可以结合搜索结果为用户提供更加全面和准确的回答。

数学计算：可以进行基本的数学运算和复杂表达式的计算。

信息整合：能够整合不同来源的信息，提供综合的回答。

代码解析：通过代码解释功能，实现一些复杂功能，如 Excel 处理、VBA 代码编写等。

利用 Kimi 进行文章写作及重写的对话案例，如图 2-50 所示。

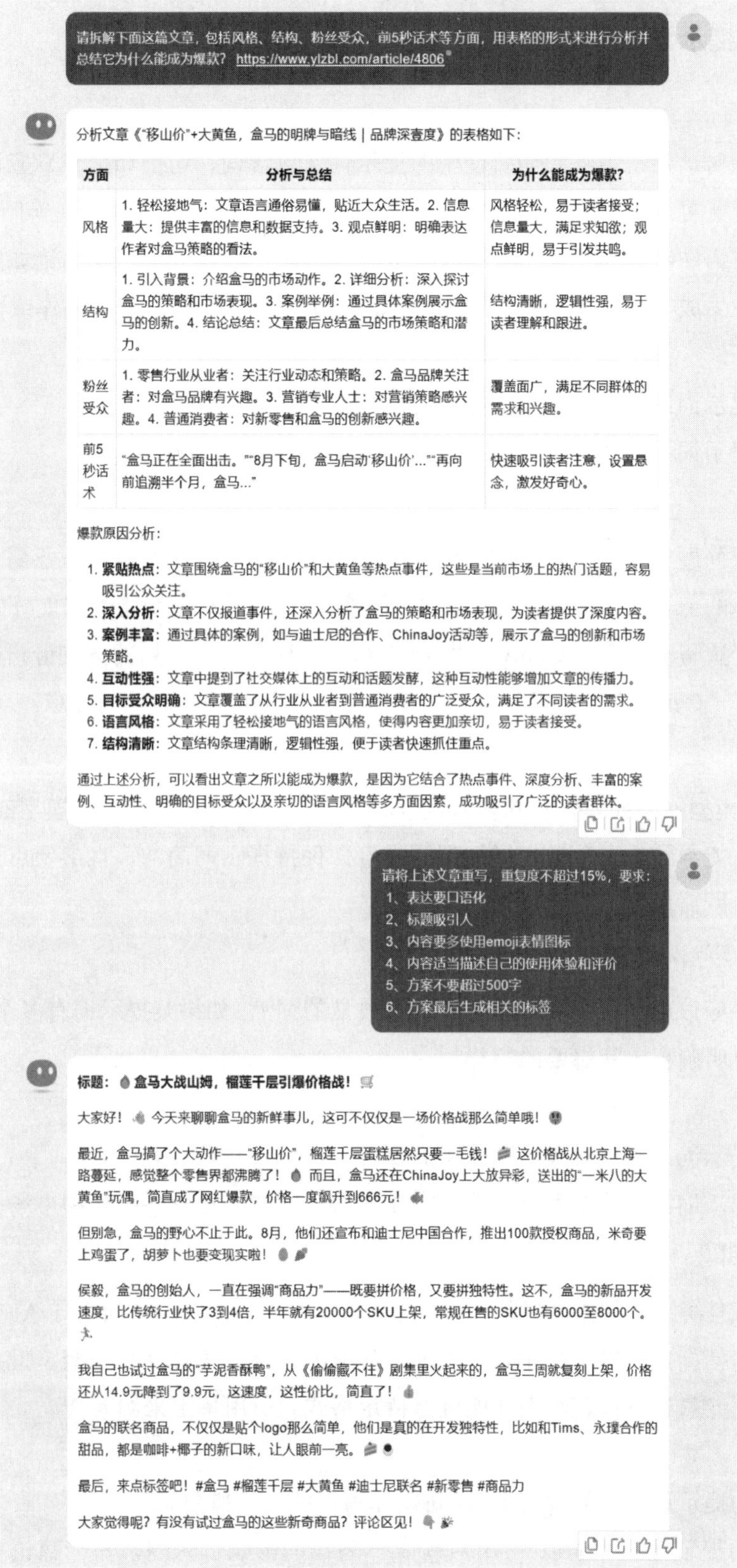

请拆解下面这篇文章，包括风格、结构、粉丝受众、前5秒话术等方面，用表格的形式来进行分析并总结它为什么能成为爆款？ https://www.ylzbl.com/article/4806

分析文章《"移山价"+大黄鱼，盒马的明牌与暗线 | 品牌深壹度》的表格如下：

方面	分析与总结	为什么能成为爆款？
风格	1. 轻松接地气：文章语言通俗易懂，贴近大众生活。2. 信息量大：提供丰富的信息和数据支持。3. 观点鲜明：明确表达作者对盒马策略的看法。	风格轻松，易于读者接受；信息量大，满足求知欲；观点鲜明，易于引发共鸣。
结构	1. 引入背景：介绍盒马的市场动作。2. 详细分析：深入探讨盒马的策略和市场表现。3. 案例举例：通过具体案例展示盒马的创新。4. 结论总结：文章最后总结盒马的市场策略和潜力。	结构清晰，逻辑性强，易于读者理解和跟进。
粉丝受众	1. 零售行业从业者：关注行业动态和策略。2. 盒马品牌关注者：对盒马品牌有兴趣。3. 营销专业人士：对营销策略感兴趣。4. 普通消费者：对新零售和盒马的创新感兴趣。	覆盖面广，满足不同群体的需求和兴趣。
前5秒话术	"盒马正在全面出击。""8月下旬，盒马启动'移山价'…""再向前追溯半个月，盒马…"	快速吸引读者注意，设置悬念，激发好奇心。

爆款原因分析：

1. **紧贴热点**：文章围绕盒马的"移山价"和大黄鱼等热点事件，这些是当前市场上的热门话题，容易吸引公众关注。
2. **深入分析**：文章不仅报道事件，还深入分析了盒马的策略和市场表现，为读者提供了深度内容。
3. **案例丰富**：通过具体的案例，如与迪士尼的合作、ChinaJoy活动等，展示了盒马的创新和市场策略。
4. **互动性强**：文章中提到了社交媒体上的互动和话题发酵，这种互动性能够增加文章的传播力。
5. **目标受众明确**：文章覆盖了从行业从业者到普通消费者的广泛受众，满足了不同读者的需求。
6. **语言风格**：文章采用了轻松接地气的语言风格，使得内容更加亲切，易于读者接受。
7. **结构清晰**：文章结构条理清晰，逻辑性强，便于读者快速抓住重点。

通过上述分析，可以看出文章之所以能成为爆款，是因为它结合了热点事件、深度分析、丰富的案例、互动性、明确的目标受众以及亲切的语言风格等多方面因素，成功吸引了广泛的读者群体。

请将上述文章重写，重复度不超过15%，要求：
1、表达要口语化
2、标题吸引人
3、内容要多使用emoji表情图标
4、内容适当描述自己的使用体验和评价
5、方案不要超过500字
6、方案最后生成相关的标签

标题： 🐟 盒马大战山姆，榴莲千层引爆价格战！🔥

大家好！👋 今天来聊聊盒马的新鲜事儿，这可不仅仅是一场价格战那么简单哦！🍉

最近，盒马搞了个大动作——"移山价"，榴莲千层蛋糕居然只要一毛钱！💰 这价格战从北京上海一路蔓延，感觉整个零售界都沸腾了！🔥 而且，盒马还在ChinaJoy上大放异彩，送出的"一米八的大黄鱼"玩偶，简直成了网红爆款，价格一度飙升到666元！🐟

但别急，盒马的野心不止于此。8月，他们还宣布和迪士尼中国合作，推出100款授权商品，米奇要上鸡蛋了，胡萝卜也要变现实啦！🐭🥕

侯毅，盒马的创始人，一直在强调"商品力"——既要拼价格，又要拼特性。这不，盒马的新品开发速度，比传统行业快了3到4倍，半年就有20000个SKU上架，常规在售的SKU也有6000至8000个。🏃

我自己也试过盒马的"芋泥香酥鸭"，从《偷偷藏不住》剧集里火起来的，盒马三周就复刻上架，价格还从14.9元降到了9.9元，这速度，这性价比，简直了！👍

盒马的联名商品，不仅仅是贴个logo那么简单，他们是真的在开发独特性，比如和Tims、永璞合作的甜品，都是咖啡+椰子的新口味，让人眼前一亮。🍮🥥

最后，来点标签吧！#盒马 #榴莲千层 #大黄鱼 #迪士尼联名 #新零售 #商品力

大家觉得呢？有没有试过盒马的这些新奇商品？评论区见！🙌💬

图 2-50　文章写作及重写（部分截图）

2.5.5　提示词设计原则

学习视频

1）准确

在开放域对话系统中，我们所使用的提示词（包含词、句子和指令）应该是准确的、清晰的。词最好是大模型能懂的或训练过的常用词、正规词；句子应该是完整、清晰的，没有语法错误和拼写错误；指令应该是清晰的、明朗的，使用诸如解释、比较、分析、建议、生成、设计等动词，清晰地告诉对话系统其所需进行的操作或输出的形式。

示例如下。

模糊的提示词："讲讲今年世界杯的情况。"

准确的提示词："2024 年世界杯足球赛将在哪个国家举办？"

2）具体

对于复杂问题或特定情境下的提问，建议结合自己的行业特点和职业需求来设计提示词，提供具体的上下文、背景、关键词或细节等，有助于对话系统生成更好的回答。

示例："撰写一篇关于 GenAI（生成式 AI）在律师行业应用的案例分析报告"。该示例中就包含了"GenAI""律师行业""案例分析"等关键、具体的信息。

3）简洁

虽然 AI 模型能够处理较长的输入，但简洁的提示词往往更利于 AI 模型的理解与执行。过长的输入可能导致重点分散，增加理解难度。保持提示词简洁、直击要点，有助于对话系统快速定位所需信息，采用最佳的生成策略。

4）避免模糊或歧义

提示词中应该避免使用模糊或可能引起歧义的词汇。如果某提示词有多个可能的解释，用户应该尽量明确指出其想要的解释。

示例如下。

模糊的提示词："告诉我这家公司的信息。"

准确的提示词："请提供英伟达（NVIDIA）的 2023 年财务报告和市场份额数据。"

5）恰当引导

对于生成任务（如创作、翻译、总结等）来说，提示词应能适当引导 AI 模型的生成方向，这可能包括指定风格（如正式、幽默、科普）、情感色彩（如积极、批判）、目标受众（如儿童、专家）或特定约束（如遵循特定格式、引用特定来源）。

示例如下。

无引导的提示词："帮我写个 AI 新媒体写作的论文概要。"

有引导的提示词："请以'AI 对新媒体写作的影响'为题，写一篇论文大纲，正式一点。"

6）结构化

如果需要设计长上下文或复杂任务的提示词，整个提示词应是结构化的、流程化的，不能前后矛盾或语义复杂。可使用标题、编号、列表等形式来划分不同的部分或要点，便于对话系统理解和处理。

2.5.6　提示词范本

对于任何输入，大模型都会给出相应的输出，这些输入都可以称为提示词，通常，提示词应该明确，用词不能模棱两可，并可以提供清晰、详细的上下文内容，提供的内容越精确，模型的生成效果也会越好。

对于复杂的任务，通过增加背景提示、让大模型扮演角色、给定示例及输出要求，都可以改善输出的效果。

以下是通义千问和 Kimi 给出的一些提示词范本，供读者参考，如图 2-51、图 2-52 所示。

可以给一些提示词的范本吗?

当然可以。以下是一些针对不同场景和目的的提示词范本，以帮助您更好地与我互动或指导我执行特定任务：

1. 咨询类提示词

一般咨询：

- "请解释一下量子纠缠的概念。"
- "告诉我关于黑洞的形成过程。"

比较与对比：

- "比较电动汽车与燃油汽车的环保效益。"
- "分析太极拳与瑜伽在健康益处上的异同。"

趋势预测：

- "未来十年内，人工智能在医疗行业的应用前景如何？"
- "预测2025年全球可再生能源市场的发展趋势。"

2. 搜索与事实查询

基本信息检索：

- "查一下梵高的出生日期和主要作品。"
- "提供关于《哈利·波特》系列作者J.K.罗琳的简介。"

统计数据查询：

- "2021年中国新能源汽车销售量是多少？"
- "给出过去五年全球二氧化碳排放量的变化数据。"

3. 决策支持与建议

产品选购建议：

- "推荐一款适合初学者的数码单反相机，预算在1000美元以内。"
- "我想购买一台静音且节能的空气净化器，有什么品牌和型号推荐？"

图 2-51　通义千问给出的提示词范本

问题解决方案：

- "我正在装修厨房，如何有效规划空间以兼顾美观与实用？"
- "孩子沉迷手机游戏，作为家长应该如何引导他们平衡娱乐与学习？"

4. 创作与生成任务

文章写作提示：

- "撰写一篇关于'远程办公对现代职场的影响'的议论文，立场支持远程办公的普及。"
- "根据以下大纲，帮我完成一篇关于'海洋塑料污染治理'的研究报告。"

故事构思与续写：

- "为一个科幻短篇故事设定开头：在22世纪，人类首次发现了一个拥有智慧生命的外星球。"
- "继续下面的故事：在一个古老图书馆的角落里，主人公偶然发现一本尘封已久的魔法书……"

5. 学习与教学指导

学科知识讲解：

- "请用简单易懂的方式解释牛顿第二定律。"
- "我正在学习Python编程，能否解释一下装饰器（decorator）的作用和使用方法？"

课程规划与资源推荐：

- "为一位初学西班牙语的成年人设计一套自学方案。"
- "找一些适合5岁孩子学习基础数学的游戏和应用程序。"

6. 翻译与语言练习

句子翻译：

- "Translate the phrase 'Actions speak louder than words' into French."
- "将这段日文歌词翻译成英文：……（原文）"

语言习得指导：

- "我打算开始学习德语，能否给我一些入门学习的策略和资源？"
- "请列出十个常用的商务英语口语表达，并附上例句。"

7. 其他应用

闲聊与互动：

- "今天天气怎么样？"
- "你喜欢听音乐吗？分享一首你最喜欢的歌曲。"

游戏与挑战：

- "我们来玩个猜谜游戏，你出一道谜语让我猜。"
- "请生成一个关于动物的趣味知识问答。"

以上提示词范本涵盖了多种类型的交互需求，您可以根据实际需要调整或构建更具针对性的提示词，以充分利用我的功能并获得满意的结果。如果您有任何其他疑问或需要帮助，请随时提问！

图 2-51　通义千问给出的提示词范本（续）

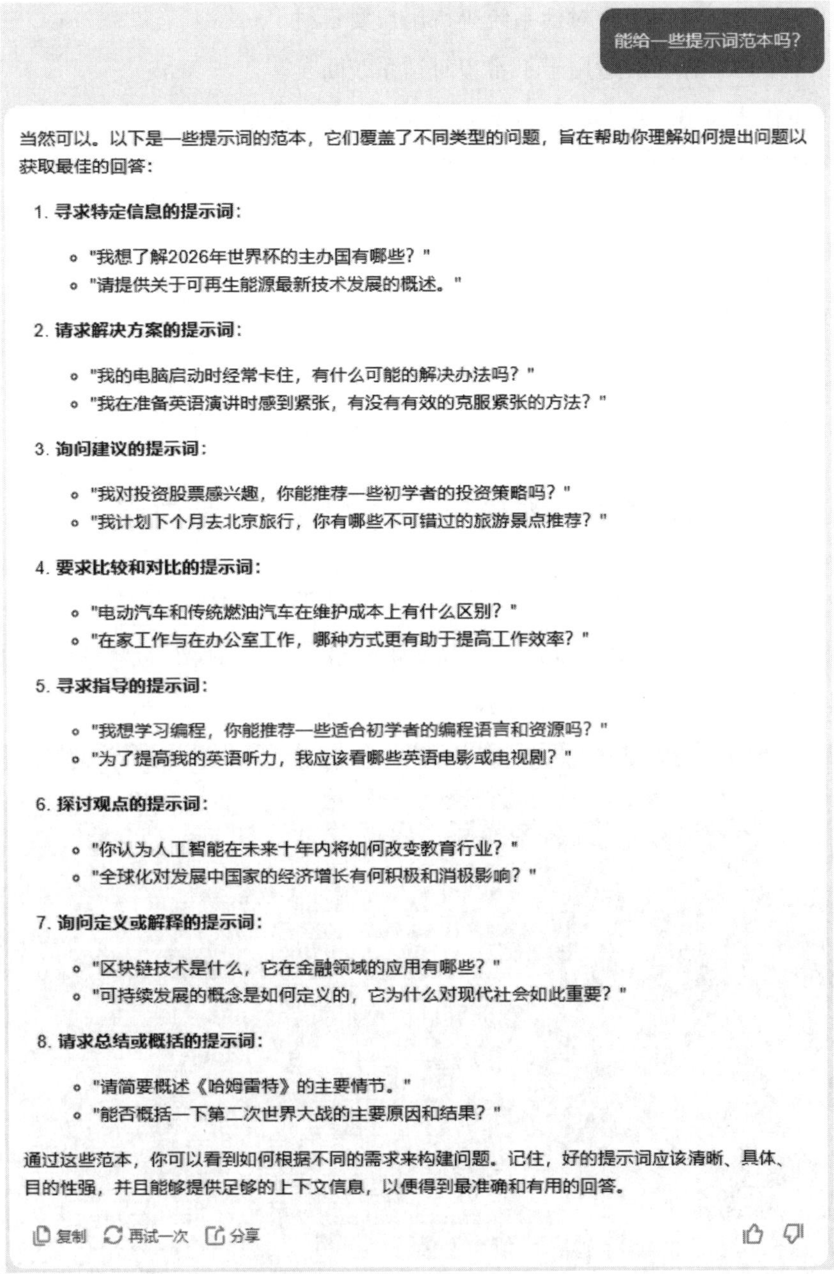

能给一些提示词范本吗？

当然可以。以下是一些提示词的范本，它们覆盖了不同类型的问题，旨在帮助你理解如何提出问题以获取最佳的回答：

1. 寻求特定信息的提示词：

   - "我想了解2026年世界杯的主办国有哪些？"
   - "请提供关于可再生能源最新技术发展的概述。"

2. 请求解决方案的提示词：

   - "我的电脑启动时经常卡住，有什么可能的解决办法吗？"
   - "我在准备英语演讲时感到紧张，有没有有效的克服紧张的方法？"

3. 询问建议的提示词：

   - "我对投资股票感兴趣，你能推荐一些初学者的投资策略吗？"
   - "我计划下个月去北京旅行，你有哪些不可错过的旅游景点推荐？"

4. 要求比较和对比的提示词：

   - "电动汽车和传统燃油汽车在维护成本上有什么区别？"
   - "在家工作与在办公室工作，哪种方式更有助于提高工作效率？"

5. 寻求指导的提示词：

   - "我想学习编程，你能推荐一些适合初学者的编程语言和资源吗？"
   - "为了提高我的英语听力，我应该看哪些英语电影或电视剧？"

6. 探讨观点的提示词：

   - "你认为人工智能在未来十年内将如何改变教育行业？"
   - "全球化对发展中国家的经济增长有何积极和消极影响？"

7. 询问定义或解释的提示词：

   - "区块链技术是什么，它在金融领域的应用有哪些？"
   - "可持续发展的概念是如何定义的，它为什么对现代社会如此重要？"

8. 请求总结或概括的提示词：

   - "请简要概述《哈姆雷特》的主要情节。"
   - "能否概括一下第二次世界大战的主要原因和结果？"

通过这些范本，你可以看到如何根据不同的需求来构建问题。记住，好的提示词应该清晰、具体、目的性强，并且能够提供足够的上下文信息，以便得到最准确和有用的回答。

 复制　 再试一次　 分享　　　　　　　　　　　　

图 2-52　Kimi 给出的提示词范本

2.5.7　对话生成实用技巧

下面给出一些对话系统中的实用语句，以便用户更高效地获取结果。

（1）"继续"。适用于内容过长时的中断，希望获取更多的回答。

（2）"重新开一个窗口"。适用于开启新的对话主题，清空前面的对话记忆，并重新开始对话。

（3）"明白"。适用于让对话系统等待用户发素材。

（4）"不要做解释"。适用于不希望对话系统回复。

（5）"再优化输出一版"。适用于想获取更优化的结果。

（6）"营造情绪氛围"。适用于效果提升。

（7）"多角色协同"：适用于同时让对话系统走多个分支，最终汇总各分支的答案。

【项目任务】

任务 1　体验 ChatGPT 。

任务 2　体验"文心一言"。

任务 3　体验"通义千问"。

项目 2.6　零代码玩转 AIGC 创意应用

昹谷社区是文心大模型创意与探索社区，提供基于文心大模型的创意应用，开放了文心大模型下系列大模型的 API，让用户可以零距离感受文心大模型的魅力和创新潜力。

进入昹谷社区官网，如图 2-53 所示。

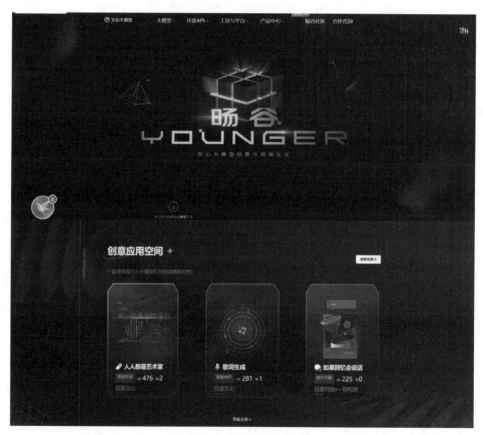

图 2-53　昹谷社区官网

单击"查看全部"按钮，看到的创意应用空间如图 2-54 所示。

图 2-54　创意应用空间

下面以旸谷社区中的"如果照片会说话"活动为例，进行简单演示。

"如果照片会说话"活动基于百度文心大模型提供跨模态能力实现，在活动页面上，用户上传随机照片，大模型即可智能识别图像信息，根据照片自动生成高质量文案，让用户一键拥有文案，完美解决朋友圈配文烦恼，活动页面如图 2-55 所示。

选择一张图片

图 2-55　"如果回忆会说话"活动页面

【项目任务】

任务 1　使用 AIGC 生成个性化的创意插画。输入关键词或描述，生成符合要求的插画。

任务 2　利用 AIGC 制作短视频。选择不同的视频模板，并使用 AIGC 技术自动添加文字、图片、音效等元素，快速制作出创意短视频。

任务 3　借助 AIGC 创作流行歌曲。输入歌曲的主题、风格等信息，生成符合要求的歌曲旋律和歌词。

任务 4　参加 AIGC 相关线上相关活动，活动网址可扫码获取。

项目 2.7　多模态 AI、智能体和 AI 助理

随着人工智能技术的不断普及，一类具备多种数据模态的人工智能技术逐步成熟并进入人们的视野，这就是多模态 AI。

多模态 AI（Multimodal AI）是一种结合多种感知信息来源的人工智能技术，它利用视觉、语音、文本等多种数据模态进行信息处理和分析，以提高模型的理解和预测能力。

智能体（Intelligent Agent）则是一种具备一定自主决策能力，能与环境进行交互的系统。它能处理来自环境的输入信息，并根据预定的目标和规则做出反应。

AI 助理是一种特定类型的智能体，主要用于帮助用户简化日常任务，如管理日历、发送电子邮件或提供信息。它通常是多模态的，能理解和生成文本、语音等不同类型的数据。

学习视频

2.7.1　多模态 AI 及其应用

多模态 AI 使人工智能大模型的功能更能满足人类的各种需求，在生活、工作等方面服务于人类，为人类提供从 AI 智能体到 AI 助理等的多种智能化工具。随着人工智能技术的进步，还会有更多的 AI 产品形态涌现出来。总的来说，多模态 AI 表现出以下特点。

（1）数据融合能力强。多模态 AI 的核心优势在于其数据融合能力强，其能将不同来源和格式的数据集成到单一的分析框架中。例如，它可以同时解析视觉图像中的对象与通过自然语言处理技术解读的文本信息，为决策提供更为完善的依据。这种综合多种传感器和数据类型的能力，使其能够更准确地理解和响应复杂的环境或任务。

（2）能够提升用户体验。多模态 AI 在提升用户体验方面发挥着关键作用。其通过分析用户的语音指令、面部表情和文本命令，可以提供更为个性化和直观的交互服务。例如，AI 智能助手在理解用户意图时，不仅依赖语音信号，还可能结合用户的情绪和场景信息，产生更合适的反馈。

（3）具有跨领域应用潜力。跨领域的应用潜力是多模态 AI 的一个不容忽视的能力。多模态 AI 已被应用于医疗健康、自动驾驶等多个领域。例如，在医疗健康领域，其能结合患者的医学影像、遗传信息和电子健康记录，提供更精确的诊断和个性化治疗方案。而在自动驾驶领域中，融合视觉、雷达和地图信息的多模态 AI 能够提高车辆对环境的理解能力和行驶安全。

尽管多模态 AI 具有明显的优势，但其在实施时也存在一系列技术挑战，如数据不一致问题、融合策略选择问题、不同模态数据间关联性理解问题等。针对这些问题，多模态 AI 的创新方向涉及深度学习模型的进一步优化、传感器技术的改进、算法开发上对不同模态数据处理和集成机制的创新等。这些方向将有助于提高多模态 AI 的鲁棒性和适应性，使其能够在更广泛的场景中获得应用。

我国的大模型产品智谱清言 GLM-4 是一个典型的多模态 AI 模型，它在自然语言处理的基础上，具备处理图像、声音等数据的能力。这使得 GLM-4 在多种应用场景中都能发挥重要作用。下面以 GLM-4 为例，介绍多模态 AI 的功能、应用和使用案例。

1. 多模态 AI 的功能

GLM-4 多模态 AI 的功能主要表现在以下几方面。

（1）文本生成与理解：GLM-4 模型具有强大的文本生成和理解能力，可用于撰写文章、生成摘要、回答问题等。同时，它还能理解用户的指令，并根据指令执行相应的操作。

（2）图像识别与生成：GLM-4 可以识别和理解图像内容，实现图像分类、目标检测、场景分割等任务。此外，GLM-4 还具备生成图像的能力，可用于图像合成、风格迁移等应用。

（3）语音识别与生成：GLM-4 可以识别和理解语音信号，实现语音识别、说话人识别等任务。同时，它还能生成语音，可用于语音合成、语音转换等应用。

（4）代码执行与自动化：GLM-4 支持运行 Python 代码，可用于数据分析、计算、自动化脚本等，这使得 GLM-4 在处理复杂任务时具有更高的灵活性。

（5）联网浏览与信息检索：GLM-4 可以访问互联网，获取和检索各种信息，为用户提供实时、准确的答案。同时，它还能根据用户需求，主动提供相关建议和推荐。

（6）画图与可视化：GLM-4 具备一定的画图能力，可以将数据、知识等以图表、图形的形式展示给用户，提高信息的可读性和直观性。

2. 多模态 AI 的应用

基于 GLM-4 的多模态 AI 功能，可以开发出各种实用的应用，例如：

（1）智能写作助手：GLM-4 的文本生成与理解能力，可以帮助用户撰写文章、生成摘要，回答用户的问题等。

（2）智能图像编辑器：结合 GLM-4 的图像识别与生成能力，可以实现图像合成、风格迁移等功能，为用户提供个性化的图像编辑体验。

（3）智能语音助手：利用 GLM-4 的语音识别与生成能力，可以开发出具备语音交互功能的智能助手，用于智能家居、车载系统等场景。

（4）智能数据分析工具：借助 GLM-4 的代码执行与自动化、画图与可视化能力，可以开发出高效的数据分析工具，帮助用户挖掘数据价值。

（5）智能信息检索系统：GLM-4 的联网浏览与信息检索能力，可以为用户提供实时、准确的信息查询服务。

（6）智能教育助手：结合 GLM-4 的多模态能力，可以开发出针对不同学科的教育助手，提供个性化的学习资源和辅导。

总之，运用多模态 AI 模型的多种功能和应用场景，通过不断优化和拓展，其能在人工智能领域发挥更大的作用，为用户提供更加智能、便捷的服务。

3．多模态 AI 的使用案例

打开浏览器，进入智谱清言 AI 平台，注册登录以后，在界面正上方选择 GLM-4 选项卡，就进入了多模态大模型 GLM-4 的对话界面，如图 2-56 所示。

图 2-56　多模态大模型 GLM-4 的对话界面

用户可以在界面下方的输入框中输入问题或上传供 AI 模型识别处理的图片、音视频等文件，AI 模型对提问和上传文件进行分析并给出合适的回答。

【项目任务】

任务 1　在智谱清言 GLM-4 平台上传一篇 PDF 格式的文章，并让 AI 模型总结这篇文章的要点。

任务 2　上传一张自己的照片，并命令 AI 模型画一幅相似的漫画。

任务 3　探索和尝试使用如豆包、天工 AI 等国产 AI 大模型的多模态技术功能，并对比它们的特点和优势。

2.7.2　AI 智能体的创建与应用

学习视频

AI 智能体是一种通过模拟人类智能而表现出一定程度智能的技术实体或系统，它能够感知环境、处理信息并做出相应的反应。AI 智能体可以分为弱智能体和强智能体，其中弱智能体专注于特定任务，而强智能体则具备处理多个智能任务的能力。

在 AI 大模型领域，所谓的"AI 智能体"特指人们创建的，通过限定性的指令，能扮演某个特定的角色，并在指定的范围里，针对用户的提问进行互动的系统，其具有更高的指向性和专业性。这类 AI 智能体的创建者还可以向 AI 大模型平台上传经过整理的文本、教科书、行业或产品说明书等作为知识库，用来训练 AI 智能体，使 AI 智能体真正成为某一领域的"专家"。当用户的提问触及其知识库范围时，AI 智能体能从知识库中提炼对应的答案反馈给用户；当问题超出其知识库的范围时，AI 智能体可在原来大模型的认知范围内进行回答，从而表现出更高的专业性和答题的针对性。

1. AI 智能体的使用

在智谱清言 AI 平台界面的左下角，选择"智能体中心"选项，我们可以看到很多用户创建的智能体实例，例如，找到其中的"官方出品"选项卡，选择"智谱清言新手村"选项，如图 2-57 所示。

图 2-57　智谱清言 AI 平台的智能体中心

在打开的界面中输入问题："请问如何创建一个以英语语法学习为主题的智能体？"，输出结果如图 2-58 所示。

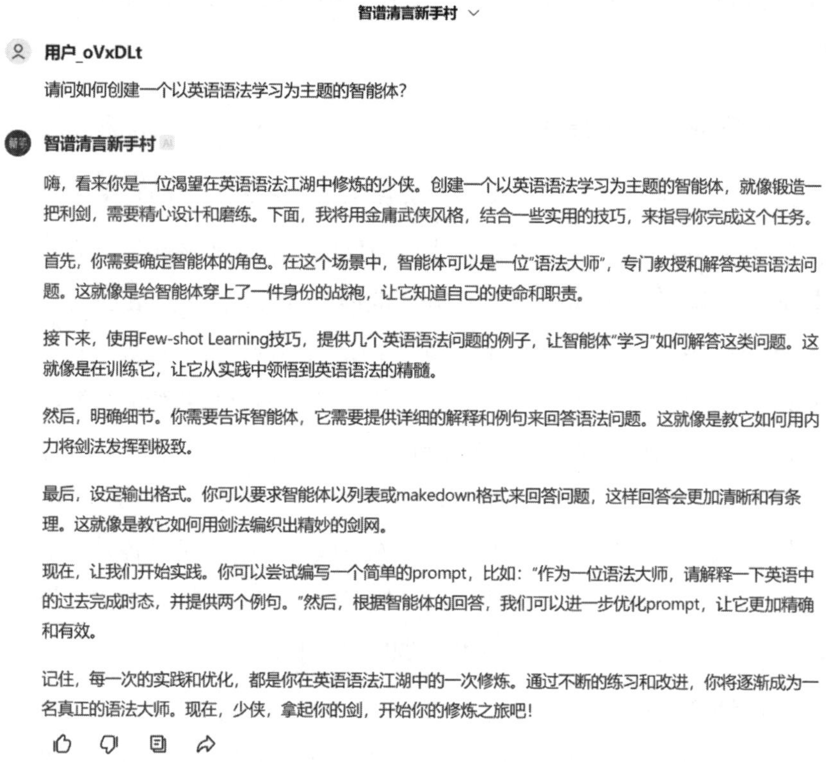

图 2-58　输出结果

2．AI 智能体的创建

按照图 2-58 给我们的提示自己创建一个独特的 AI 智能体。选择智谱清言 AI 平台界面左下角的"创建智能体"选项，进入智能体创建界面。首先进行 AI 自动生成配置，如图 2-59 所示，在对话框中输入作为智能体功能的限定性命令，内容一般包括：

（1）智能体的角色，让智能体能够按照角色的限制进行"思考"。

（2）智能体的作用和特点。

（3）对输出结果的预期。

也可以取消 AI 自动生成配置，而在配置智能体界面中逐项进行填写，如图 2-60 所示。

在配置智能体界面中，名称是指创建的 AI 智能体的名称，简介是指该智能体的基本能力介绍（一句话），配置信息是配置 AI 智能体能力的重点，要详细描述该智能体具有的限定性功能，包括特点、身份、行为等。其中特点是指 AI 智能体将完成的工作或目标及它的作用；身份是指 AI 智能体的角色，以及这个角色和用户之间的交互形式、需要规避的异常行为，如会话内容的限定范围等（超越范围的问题可以不用回答），以突出智能体的服务专业方向；行为是指 AI 智能体的行为特点，如回答问题时采用特定人群（如孩童、妈妈）的口吻等，以强化 AI 智能体的个性。模型能力用于确定该智能体是不是具备相应的能力，如联网能力、AI 绘画能力、代码能力等。

图 2-59　AI 自动生成配置

图 2-60　配置智能体界面

　　除此之外，配置智能体时，还可以进行对话配置、能力配置、知识库配置和高级配置。

　　（1）对话配置：配置用户打开 AI 智能体界面时，AI 智能体向用户打招呼的内容，即"开场白"；还可以设置预置问题，比如将预置问题设置为"请告诉我今天的天气情况如何"等，如图 2-61 所示。

图 2-61　对话配置界面

　　（2）能力配置：通过 API，让 AI 智能体调用外部 AI 工具或其他第三方应用功能，或让 AI 智能体直接调用智谱清言 AI 工具市场中的各类 API 来提升智能体的能力，能力配置界面如图 2-62 所示。

图 2-62　能力配置界面

　　在没有选择工具市场中的各类 API 之前，AI 大模型根据模型内部通过学习取得的资源进行智能答题，或通过联网功能从互联网上搜索网页取得答题信息，而使用了专业 API 后，其可通过 API 从专业工具中获得新的知识，用于回答用户的问题。智谱清言 AI 工具市场中的各类 API 如图 2-63 所示。

　　举个例子，我们可以在 AI 智能体中加入思维导图助手 API，然后命令智能体"使用 GenerateMindMap，对教育领域 AI 应用进行归纳整理"（句子中的 GenerateMindMap 是思维导图助手 API 中特定工具的名称，不同的 API 工具具备不同的名称，有些 API 同时具备多个工具，分别能实现不同的功能），AI 智能体的输出结果如图 2-64 所示。

　　而在没有加入思维导图助手 API 工具的情况下，由于智谱清言 AI 本身不具备绘制思维导图的功能，所以输出结果如图 2-65 所示。

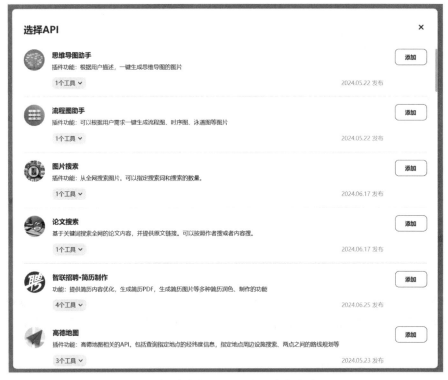

图 2-63　智谱清言 AI 工具市场中的各类 API

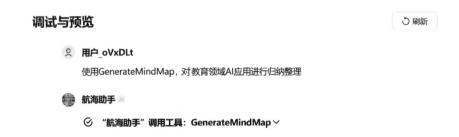

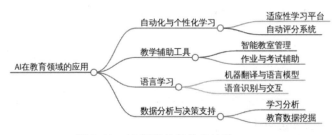

图 2-64　AI 智能体的输出结果

随着智谱清言 AI 工具市场中的 API 数量的不断增加，AI 智能体的功能也将越来越丰富，为 AI 智能体的创建者和使用者带来更多的便利。

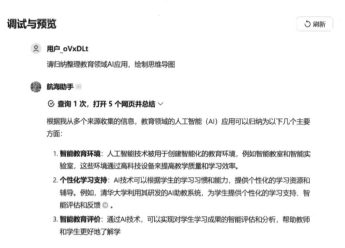

图 2-65　没有加入思维导图助手 API 工具情况下的输出结果

智谱清言 AI 平台提供了智能体发布功能，可以将在智谱清言 AI 平台中创建的智能体发布到微信公众号或以 API 形式发布到其他第三方自定义平台中，如图 2-66 所示。

图 2-66　智谱清言 AI 平台的智能体发布渠道配置界面

【项目任务】

任务 1　在智谱清言 AI 平台上创建一个"英语学习智能体"，要求这个 AI 智能体重点对人机对话中的英语语法进行评价，并要求它的所有回答必须尽可能采用全英文模式。

任务 2　在上述 AI 智能体中添加官方 API，要求能通过这个 API 让智能体进行论文搜索。

任务 3　探索和尝试使用如豆包、天工 AI 等国产 AI 大模型的 AI 智能体创建功能，并进行发布。

2.7.3　AI 助理的应用

AI 助理是一种融合了 AI 技术的软件应用，旨在以智能化的方式辅助用户完成日常工作。AI 助理能够通过机器学习、自然语言处理等技术，理解和执行用户的指令，提供智能沟通、协同、管理等功能。例如，钉钉 AI 助理就能在企业内部归纳要点、生成会议纪要，并为用户推送相关工作任务和日程提醒。

AI 助理的创建通常依赖于特定的平台或框架，如钉钉开放平台就提供了创建 AI 助理的工具和接口。这些平台通常包括用于处理语言、图像、声音等数据的模块，以及用于集成第三方应用和服务的接口。用户可以根据自己的需求，通过这些平台定制开发自己的 AI 助理。

AI 助理的应用非常广泛，不限于企业场景。例如，LinkAI 提供的个人 AI 助理就能在多种平台上使用，支持闲聊、写文案、编码、联网搜索等功能，甚至能学习用户的私有知识，成为用户的专属 AI 分身。

AI 助理不仅为企事业单位提供了高效的工具，也为普通人打开了一扇了解和应用 AI 技术的窗口。它既可以通过传统 APP 界面融入，向用户提供易于使用的界面和功能，也可以通过深度开发，提供更人性化的界面，使非技术背景的用户也能享受到 AI 带来的便利。

习题 2

（1）简述 AIGC 的定义及其在当前技术领域中的重要性。

（2）描述 AIGC 的典型应用场景。

（3）解释 AIGC 的基本工作原理。

（4）分析 AIGC 未来的发展趋势。

（5）生成一份关于环保产品的宣传文案。

（6）评估 AIGC 生成的宣传文案，并提出改进建议。

（7）基于"夏日海滩"主题，使用 AIGC 生成一幅图像。

（8）使用 AIGC 为一家新开的咖啡店制作邀请函。

（9）制作一组旅游景点的短视频，配以文字介绍。

（10）将一篇科技博客文章转换为科普视频。

（11）比较文心一言、通义千问、ChatGPT 的对话体验。

（12）生成一个个性化的卡通头像。

（13）利用 AIGC 制作一段音乐 MV。

（14）选择一个你感兴趣的 AIGC 应用领域，了解其原理和应用案例。

（15）基于研究，设计一个具有创新性的 AIGC 应用方案，并阐述其潜在的市场价值和社会意义。

项目 3 AI 智能办公应用

【项目背景】

在信息科技日新月异的今天，人工智能技术已广泛应用于多个领域，而在办公软件行业，WPS AI 的应用引领了一场革命。新办公时代已经到来。作为一款智能化的办公软件，WPS AI 不仅提升了办公效率，而且改变了我们的工作方式，让办公变得更加智能、高效。

【知识导图】

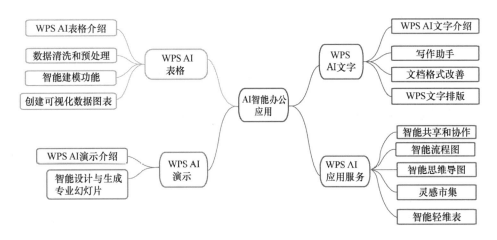

【思政聚集】

1. 支持国产软件发展

在使用 WPS AI 进行办公时，要认识到 WPS AI 作为国产软件的重要性，支持国产软件的发展，增强我国软件产业的竞争力。

2. 认识团队合作的重要性

在使用 WPS AI 进行办公时，要认识到团队合作的重要性，学习如何在团队中发挥个人优势。

3. 增强法律意识

在使用 WPS AI 进行办公时，要了解与人工智能相关的法律法规，确保不侵犯版权、不违法使用数据。

项目 3.1　WPS AI 文字

1．WPS AI 定义与功能

WPS AI 是一款基于人工智能技术的办公软件，它具有强大的自动化处理能力，可以快速、准确地完成文档编辑、排版、校对等工作。同时，WPS AI 还具备智能推荐、个性化设置等功能，能够根据用户的需求和习惯进行文档智能调整，提高工作效率。

2．WPS AI 在办公中的应用

WPS AI 在办公中的应用如下。

智能排版：WPS AI 可以根据用户的需求，自动对文档进行排版，省去了用户手动调整版式的烦琐过程，提高工作效率。

智能校对：WPS AI 具备强大的语言处理能力，可以自动检测并纠正文档中的拼写、语法等错误，保证文档的准确性和专业性。

个性化办公：WPS AI 能够根据用户的个性化需求进行智能调整，提供个性化的办公体验。

智能推荐：WPS AI 可以根据用户的历史记录和行为习惯，智能推荐相关的模板、素材等资源，方便用户快速完成工作任务。

3．WPS AI 的优势

WPS AI 具有如下优势。

提高工作效率：WPS AI 的自动化处理能力大大提高了用户的工作效率，让用户从烦琐的工作中解脱出来。

保证工作质量：WPS AI 的智能校对和个性化设置等功能，能保证文档质量，提高文档的专业性和准确性。

降低成本：WPS AI 的应用可以降低企业在人力、物力等方面的成本投入，提高企业的经济效益。

促进创新：WPS AI 的应用激发了企业创新活力，推动企业向智能化、数字化方向发展。

学习视频

3.1.1　WPS AI 文字介绍

"文字"和"智能文档"是 WPS 文字中的两个主要功能模块，它们的主要区别在于功能和使用场景不同。"文字"模块是一个传统的文本编辑器，提供基本的文本输入、编辑、排版等功能，类似于 Word 等办公软件。用户可以在"文字"模块中创建、编辑、保存各种文本文件。"智能文档"模块则能提供场景智能化的文本编辑器和智能排版的场景。例如，

"商业和金融"智能文档可用于创建和处理各种商业报告、财务报表、销售合同等文档，并提供数据分析和决策支持服务；"教育和培训"智能文档可用于创建和展示各种教育课件、培训材料、考试试卷等文档，并提供互动和自动化评分等功能；"医疗和健康"智能文档可用于创建和处理病历、处方、医保报销等文档，并提供数据分析和决策支持服务；"法律"智能文档可用于合同审核、合同对比等法律场景，提高工作效率和准确性。总的来说，"文字"模块提供了一个比较传统的文本编辑器，适用于一般的文本编辑和排版，而"智能文档"模块则提供了更多的智能化功能，可以让用户更加高效地完成一些复杂的文本处理任务。用户可以根据自己的需求选择相应的功能模块。

1．WPS AI 文字

1）AI 功能

WPS AI 文字具有以下功能：

- 快速起草。
- 大纲生成。
- 全文排版，论文、公文一键排版。
- 辅助阅读、重点提炼。

2）使用入口

- 在 WPS 文字界面上方的选项卡中，选择【WPS AI】选项卡，如图 3-1 所示。
- 在 Windows 系统中连续按下两次 Ctrl 键，在 Mac 系统中连续按下两次 Command 键，可唤起 WPS AI。

图 3-1　选择【WPS AI】选项卡

3）使用场景

- 内容生成：当我们要撰写工作周报、文章大纲、策划方案时，打开 WPS 文字，是否脑袋一片空白？这时可以把内容起草任务交给 WPS AI。文章大纲、讲话稿、会议纪要、通知、证明等多种格式文档，WPS AI 皆可一键生成，如图 3-2 所示。内容润色也可由 WPS AI 完成，如图 3-3 所示。

图 3-2　WPS AI 内容生成

图 3-3　WPS AI 内容润色

- 大纲生成：使用 WPS AI 可一键生成个性化大纲，并进一步生成包含案例引述和数据支撑的长文章。梳理大纲框架时，WPS AI 可提供源源不绝的灵感和相对完整的创作思路，如图 3-4 所示。
- 一键排版：我们经常为论文、公文、合同等文档的排版要求操心，有了 WPS AI，我们就无须再手动调节格式了。WPS AI 可实现自动化套用模板并一键排版，如图 3-5 所示。

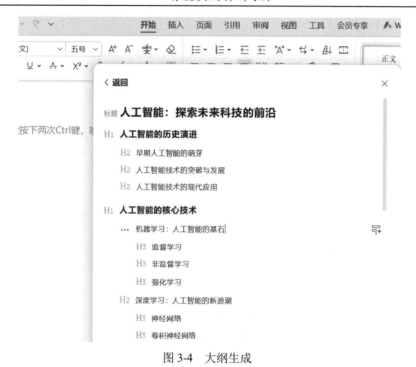

图 3-4　大纲生成

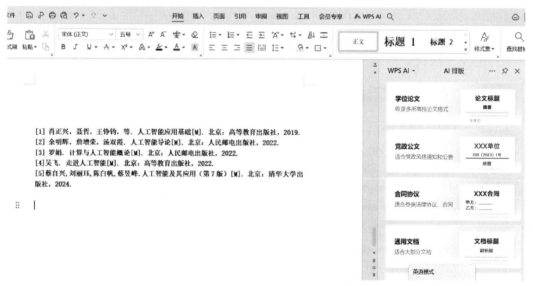

图 3-5　一键排版

- 文档阅读：我们一般需要花费大量时间，进行会议纪要梳理、查文献、核对合同等工作。WPS AI 可以智能分析全文，获取文档信息，快速提炼要点，为我们节省时间，帮我们提高效率。

2．智能文档

1）AI 功能

智能文档的 AI 功能如下：

- 内容生成、内容优化、多文档处理。
- 内容创作，让创作更高效。
- 内容润色，满足个性化需求。
- 文档阅读，快速获取信息。

2）使用入口

新建智能文档时，界面如图 3-6 所示，新建文档后，可在空白模板中唤起 WPS AI，如图 3-7 所示。

图 3-6　新建智能文档

图 3-7　唤起 WPS AI

若文档中已有文本，可在选中文本后唤起 WPS AI，如图 3-8 所示。

3）使用场景

- 内容创作：使用 WPS AI 智能文档创作广告文案、博客文章、社交媒体帖子、演讲稿等都十分容易，如图 3-9 所示。

图 3-8　选中文本后唤起 WPS AI

图 3-9　智能创作

- 内容优化：WPS AI 支持扩写、缩写、润色、转换风格等优化方式。例如，在文档中，选中文本后，选择 WPS AI 菜单中的【润色】选项即可进行内容润色，如图 3-10 所示，生成的内容润色结果如图 3-11 所示。
- 文档阅读：WPS AI 支持获取文档总结，操作方式如图 3-12 所示，生成的结果如图 3-13 所示。其还支持根据标题快速生成总结，操作方式如图 3-14、图 3-15 所示，生成的总结结果如图 3-16 所示。

图 3-10　进行内容润色

图 3-11　内容润色结果

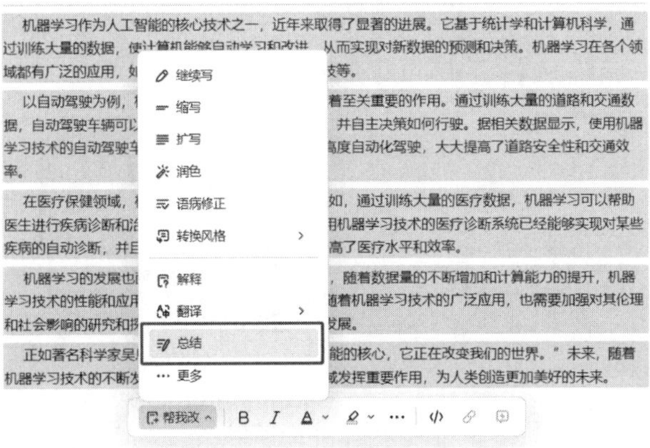

图 3-12　获取文档总结

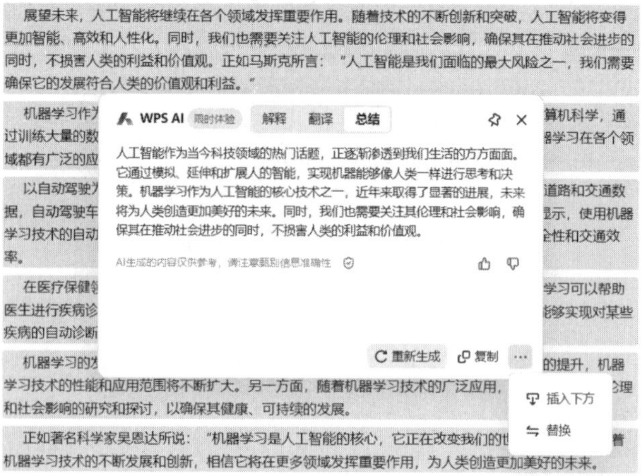

展望未来，人工智能将继续在各个领域发挥重要作用。随着技术的不断创新和突破，人工智能将变得更加智能、高效和人性化。同时，我们也需要关注人工智能的伦理和社会影响，确保其在推动社会进步的同时，不损害人类的利益和价值观。正如马斯克所言："人工智能是我们面临的最大风险之一，我们需要确保它的发展符合人类的价值观和利益。"

机器学习作为 … 算机科学，通过训练大量的数 … 学习在各个领域都有广泛的应用 …

以自动驾驶车 … 道路和交通数据，自动驾驶车 … 显示，使用机器学习技术的自动 … 全性和交通效率。

在医疗保健领 … 学习可以帮助医生进行疾病诊 … 够实现对某些疾病的自动诊断 …

机器学习的发 … 的提升，机器学习技术的性能和应用范围将不断扩大。另一方面，随着机器学习技术的广泛应用 … 理和社会影响的研究和探讨，以确保其健康、可持续的发展。

正如著名科学家吴恩达所说："机器学习是人工智能的核心，它正在改变我们的 … 着机器学习技术的不断发展和创新，相信它将在更多领域发挥重要作用，为人类创造更加美好的未来。

图 3-13　总结结果

图 3-14　根据标题快速生成总结

图 3-15　添加标题

图 3-16 生成的总结结果

3. AI 模板

1）使用入口

新建智能文档，选择【AI 模板】选项卡，在选项卡中有多种模板可供选择，如图 3-17 所示。

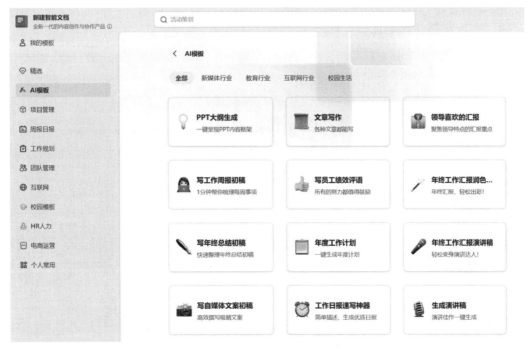

图 3-17 选择【AI 模板】选项卡

2）使用场景

快速生成：单击任意一个 AI 模板，简单输入指令，其即可快速生成内容。

例如，选择"PPT 大纲生成"模板，输入 PPT 大纲的主题和面向的目标人群，WPS AI 即可生成内容，如图 3-18 所示。

图 3-18　快速生成 PPT 大纲

4. WPS PDF AI

1）AI 功能

WPS PDF AI 的功能如下：

- 快速提取信息，有助于高效阅读。
- 超长文档信息总结。
- 追溯答案出处，让答案有据可依。
- 外文翻译与提炼。

2）使用入口

打开 PDF 文档，在阅读界面中选择【WPS AI】选项卡，如图 3-19 所示。

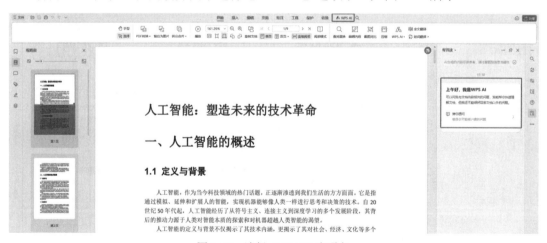

图 3-19　选择 WPS AI 选项卡

3）使用场景

- 信息总结：论文、合同等 PDF 文件，都能交给 WPS AI 来处理。WPS AI 支持发起询问和一键总结，可快速获取文档核心内容，示例如图 3-20 所示。

图 3-20　一键总结示例

● 答案追溯：想快速阅读论文、长文档？我们可以让 WPS AI 帮助我们全方位理解文档信息。我们无须担心 WPS AI 概括的内容是无中生有的，因为它的每一次回答，都基于文件本身，并且还会标注引用了哪一页的内容，用户单击页码即可跳转到对应页面，示例如图 3-21 所示。

图 3-21　答案追溯示例

● 外文翻译：拿到英文论文或报告后，我们可以直接用中文向 WPS AI 提问，以获取中文的答案，而无须先翻译再阅读，提高办公、学习效率，示例如图 3-22 所示。

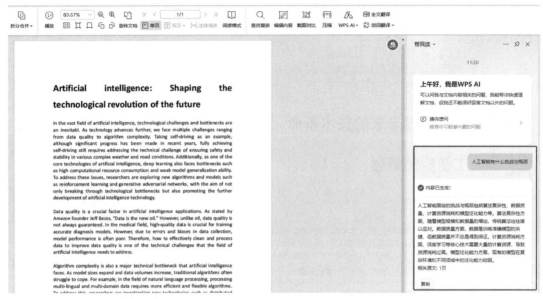

图 3-22　外文翻译示例

3.1.2　写作助手

活动策划、背景说明、嘉宾邀请等文档中，有很多很难直接把握到的要求，比如主题要结合学校特色，凸显建校历史等，那怎样把比较烦琐的信息和要求梳理清楚呢？这时我们可以尝试使用 WPS AI。

学习视频

下面以策划某学校校庆活动为例，介绍 WPS AI 如何帮助我们进行写作。

新建智能文档，唤起 WPS AI，选择【头脑风暴】选项，输入具体的学校名和要求，比如"策划浙江国际海运职业技术学院二十周年校庆主题系列活动"，单击生成按钮 ➤ ，如图 3-23 所示。

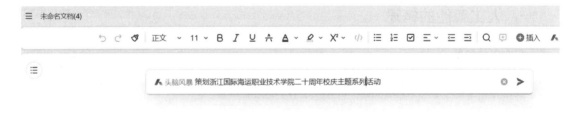

图 3-23　输入具体的学校名和要求

WPS AI 会帮我们列举校庆活动可能需要关注的要点和活动方式，如果这些内容不够全面，我们可以选择【继续写】选项，WPS AI 会进一步补充内容，结果如图 3-24 所示。

如果列出的答案对我们比较有帮助，则我们可以单击文案右下方的点赞按钮 👍 ，如图 3-25 所示，这会在一定程度上帮助 WPS AI 进行自我优化。

头脑风暴开始!

主题: 策划浙江国际海运职业技术学院二十周年校庆主题系列活动

目标: 通过一系列丰富多彩的活动,回顾学院的辉煌历程,展示学院的办学成果和教育特色,提升学院的社会影响力和凝聚力,同时增强学生的归属感和荣誉感。

一、活动构思

1. 开幕式庆典

• 举办一场盛大的开幕式庆典,邀请学院领导、师生代表、校友和社会各界人士共同参加。

• 设计独特的庆典流程,如学院历史回顾视频、领导致辞、嘉宾演讲、表彰先进等。

• 通过网络直播和媒体报道,让更多人关注学院二十周年校庆。

2. 主题展览

• 策划一场以学院历史、办学成果和教育特色为主题的展览,通过图片、文字、实物等多种形式展示学

图 3-24　WPS AI 补充的内容

图 3-25　单击文案右下方的点赞按钮

在 WPS AI 给出了很多内容之后,对于有些内容,我们如果想进行详细展开,则可以先单击生成结果后的【保留】按钮,再选中文案中的一段话,如"举办一场以学院师生为主体的文艺晚会,展示学院的艺术教育成果和师生的才艺。",然后单击这段话左侧的 按钮,调出菜单,如图 3-26 所示。选择【帮我写】->【继续写】选项,输入指令"帮我编写一份文艺晚会的策划方案"。

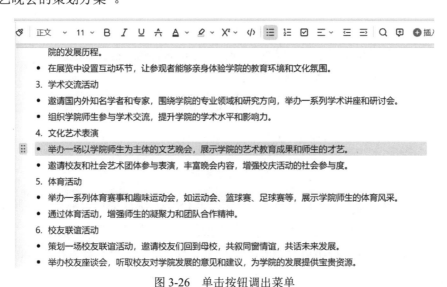

图 3-26　单击按钮调出菜单

WPS AI 根据目前的指令会输出一份策划方案的框架，包含背景、主题、目标、时间、地点、活动内容等，如图 3-27 所示。

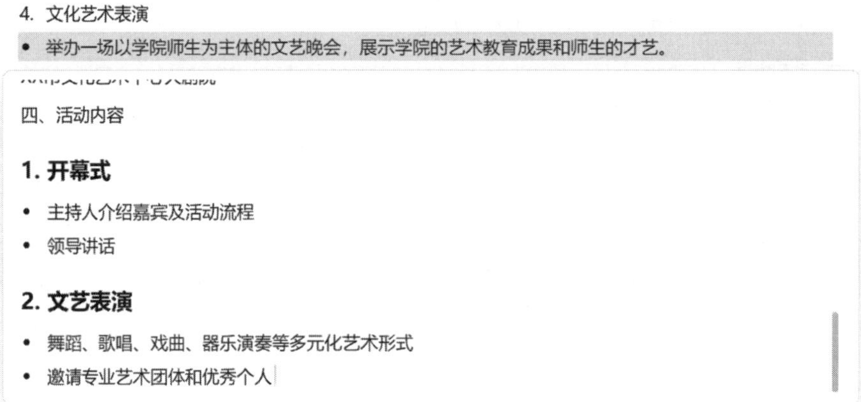

图 3-27　一份策划方案的框架

对其中的某一部分内容，如果我们还需要更细化的方案，则可以重复之前的操作，选中内容再给出具体的描述指令。

如果我们在校庆会议上要准备演讲稿，WPS AI 也能帮我们省时省力地完成。

新建智能文档，唤起 WPS AI，选择【演讲稿】选项，输入指令"浙江国际海运职业技术学院二十周年校庆开幕式上的校长致辞"，如图 3-28 所示。单击生成按钮 ，生成的结果如图 3-29 所示。

图 3-28　输入指令

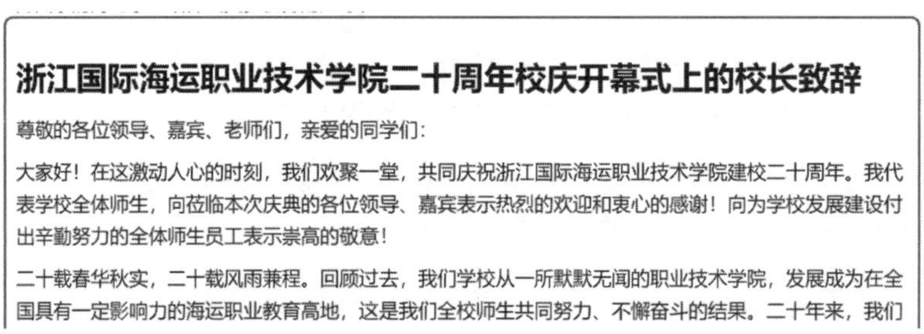

图 3-29　生成的结果

可以看到，我们得到了一篇演讲稿。但是，WPS AI 生成的这篇演讲稿可能没有按照我们希望的方式行文，那么我们可以进一步训练它，在原有指令的基础上添加约束条件，比如，添加"需要包含办学历史、学术成就及杰出校友等"条件，再单击生成按钮 ，结果如图 3-30 所示。

浙江国际海运职业技术学院二十周年校庆开幕式上的校长致辞

尊敬的各位领导、嘉宾、老师们，亲爱的同学们：

在这充满欢庆的日子里，我们共聚一堂，隆重庆祝浙江国际海运职业技术学院建校二十周年。作为这所学校的校长，我深感荣幸能在此与大家共同回顾我们的办学历史，展望学校的未来，并分享我们的学术成就和杰出校友。

一、办学历史

二十年前，浙江国际海运职业技术学院诞生于这片繁荣的土地上，那时，我们只是一所小而年轻的学院，梦想着成为海运领域的翘楚。二十年来，我们凭借坚定的信念和不懈的努力，一步一个脚印，踏实前行。我们经历了从无到有、从小到大、从弱到强的历程，逐渐发展成为国内知名的海运职业技术学院。

二、学术成就

在学术领域，我们始终坚持以质量为核心，以创新为动力。我们的教师团队不断追求卓越，取得了丰硕的学术成果。学校在海运工程、物流管理、船舶技术等领域的研究处于国内领先地位，多次获得国家级、省

图 3-30　包含办学历史、学术成就及杰出校友等的生成结果

如果我们希望这篇文章在办学历史方面有更丰富的内容，则可以选中已有的内容，再次唤起 WPS AI 并扩充内容，如图 3-31 所示。

一、办学历史

二十年前，浙江国际海运职业技术学院诞生于这片繁荣的土地上，那时，我们只是一所小而年轻的学院，梦想着成为海运领域的翘楚。二十年来，我们凭借坚定的信念和不懈的努力，一步一个脚印，踏实前行。我们经历了从无到有、从小到大、从弱到强的历程，逐渐发展成为国内知名的海运职业技术学院。

二十年前，浙江国际海运职业技术学院在这片充满活力和繁荣的土地上应运而生。当时，我们只是一所规模较小、资历尚浅的学院，怀揣着成为海运领域翘楚的远大梦想。然而，正是这份坚定的信念和不懈的努力，让我们在二十年的风雨兼程中，一步一个脚印，踏实前行。

二十年来，我们见证了学院从无到有的历程。初创时期，我们面临着资金紧张、师资力量薄弱、教学设施简陋等种种困难。然而，正是这些困难，激发了我们奋发向上的斗志。我们紧抓机遇，逐步扩大招生规模，优化课程设

〇 正在生成中…　　　　　◉ 停止 Esc

图 3-31　扩充内容

我们还可以在学术成就这一部分让 WPS AI 再列举出浙江国际海运职业技术学院近年来的具体学术成就，如图 3-32 所示。

取消　　　　　　　　　　　　　　　　　　　🕐 ‹ 1/1 ›

列举出浙江国际海运职业技术学院近年来的具体学术成就　　　　⊗ ➤

图 3-32　列举浙江国际海运职业技术学院近年来的具体学术成就

它就会罗列一些具体学术成就，如图 3-33 所示。

浙江国际海运职业技术学院近年来在学术方面取得了显著的成就。以下是一些具体的学术成就：

1. 科研成果获奖：该校的海洋装备工程学院刘在良教授参与的研究成果《船舶数字化一体化设计技术应用与示范》荣获了 2022 年度中国商业联合会科学技术进步二等奖。这项成果在船舶设计数字化一体化方面进行了关键技术攻关与示范，建立了船舶制造虚拟仿真验证平台并应用示范，形成了从前期设计到虚拟制造、过程管理与监控的数字化一体化设计技术，各项技术达到国内先进水平。

2. 学术论文发表：该校师生在学术领域也发表了多篇论文。例如，相关研究成果共发表了 26 篇相关论文，展示了学校在船舶数字化一体化设计技术领域的深入研究和实践经验。

3. 知识产权授权：该校在科研创新方面也取得了显著进展，共获得了 18 项发明专利授权和其他 8 项相关知

图 3-33　列出的具体学术成就

除了开幕式上的校长演讲稿，WPS AI 还可以帮助我们策划一场校友会的晚宴。

新建智能文档，唤起 WPS AI，输入指令"策划浙江国际海运职业技术学院二十周年校友会的晚宴"，它会按照晚宴策划的结构列出我们需要确认的事项，如图 3-34 所示。

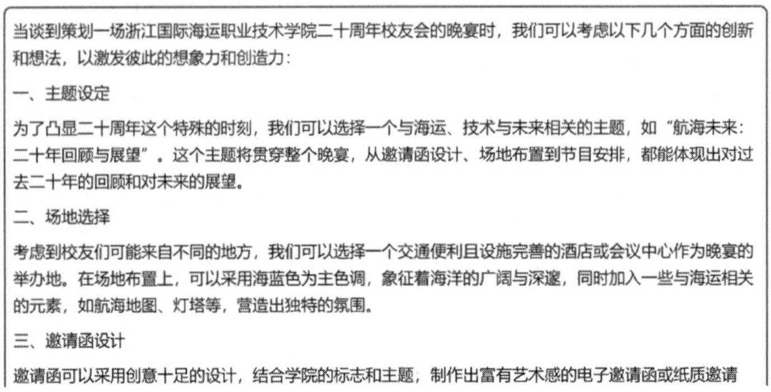

图 3-34　策划浙江国际海运职业技术学院二十周年校友会的晚宴

在场地的选择上，WPS AI 只举了一些例子，如果我们想要更加明确的推荐场地，则可以先单击【保留】按钮，再选中这一段落，细化描述条件，如图 3-35 所示。

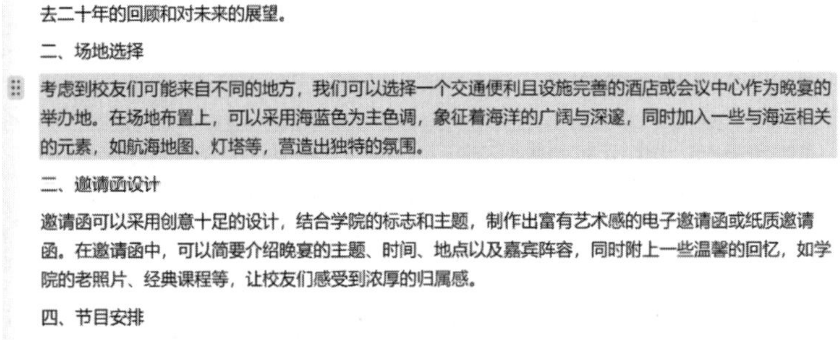

图 3-35　选中段落

单击段落左侧的 ⠿ 按钮，在弹出的菜单中选择【帮我写】→【继续写】选项，输入指令"推荐舟山室内适合举办晚宴的酒店，预算在 10 万元左右"，单击生成按钮 ▸ 。那么 WPS AI 就会列出比较合适的酒店及酒店对应的介绍。如果我们对列出的酒店不满意，可以让它续写，如图 3-36 所示。

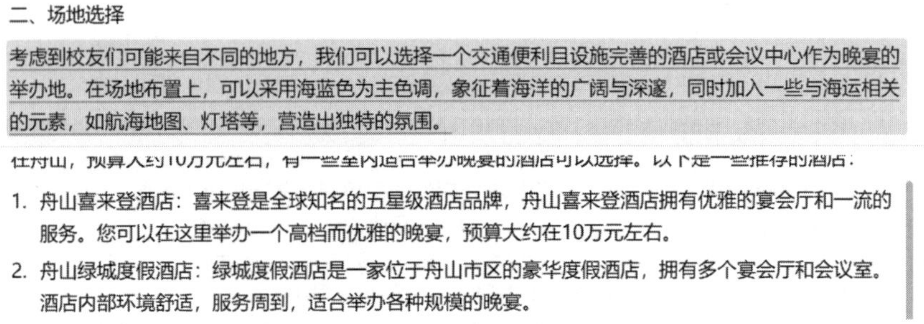

图 3-36　续写

不仅是推荐场地，对宣传推广、礼品准备等，都可以通过多次描述让 WPS AI 不断去细化，补充我们想要的内容。但是，目前发现，仅通过一次交互 WPS AI 暂时还不能直接输出我们最终需要的内容，我们需要和 WPS AI 进行多轮对话，其才能不断输出趋近于我们想要的结果。

总结一下，在以上的实践中，WPS AI 展示出了哪些能力？

我们首先通过 WPS AI 的"头脑风暴"收集关于校庆系列活动的内容，列举出一些重点，起草一份策划方案的框架，以及通过 WPS AI 生成演讲稿；然后用更明确的约束条件，让它整理出我们想要的内容，即选中对应的段落，再去输入相应的指令，比如让它根据已有内容进行扩充，或者让它整理出符合某条件的信息，又或者让它列举某些杰出校友。

WPS AI 展示出的能力如图 3-37 所示。

【头脑风暴】	【演讲稿】	【生成推荐】
➢ 灵感收集	➢ 设定主题	➢ 策划设计
➢ 列举重点	➢ 扩充内容	➢ 推荐场地
➢ 起草策划方案	➢ 补充材料	➢ 宣传推广
		➢ 礼品准备

图 3-37 WPS AI 能力

在使用 WPS AI 时，希望读者在尝试的过程中不要被其生成的答案所束缚，要让其成为我们的办公助手，而不是想象力的枷锁。需要特别提醒读者的是：

（1）WPS AI 是基于语言大模型能力的人工智能应用，所以每次生成的答案不是一样的，也就是说，书中生成的答案与读者去实践操作时生成的答案是不一样的，这是很正常的，而且读者生成的答案可能比书中生成的答案更完善、更标准，因为读者操作的时间与编写本书的时间之间有时间差，这段时间 WPS AI 也在不停地自我学习，自我进化。

（2）如果想要得到更加准确的答案，我们需要给 WPS AI 更明确的描述，也就是说，我们的约束条件要足够清晰，才能让 WPS AI 在我们的条件范围内给出结果。

（3）在我们使用 WPS AI 时，可以多次训练它，因为它在不断地进行自我迭代和学习。我们与它交互时，针对同一个问题可以从不同的角度去问它，也可以通过按钮反馈结果，这些都能帮助 WPS AI 在多次训练之后输出更符合我们期待的答案。也就是说，我们与 WPS AI 交流得越多，它越懂我们的心思。

通过 WPS AI，我们还可以一键转换文章风格，操作如下：在轻文档中，选中已有的文章内容，在段落前方唤起 WPS AI，在【调整】→【转换风格】菜单中，选择需要调整的风格即可，如图 3-38 所示。

图 3-38　转换风格

3.1.3　文档格式完善

从前面的介绍中，我们可以知道，WPS AI 有内容生成和文档阅读两大主体功能，对于文档格式自动修复和文档格式快速统一，目前最好用的方法是套用自己设定的模板，并用自动更正、自动编号等工具快速统一格式。

1．如何进行自动更正

使用 WPS Office 打开文档，选择【文件】→【选项】选项。选择【编辑】选项卡，在【自动更正】区域里根据需要进行勾选设置，设置后单击【确定】按钮，如图 3-39 所示。

图 3-39　自动更正

2．如何取消自动编号

第一种方法：快速按两次 Enter 键即可临时取消自动编号，但如果想继续添加编号，则需先手动输入编号，如图 3-40 所示。

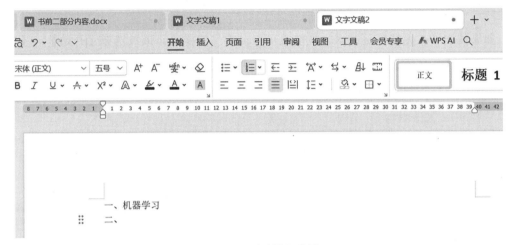

图 3-40　手动输入编号

第二种方法：选择【文件】→【选项】选项，选择【编辑】选项卡，取消【自动编号】区域下两个复选框的勾选，即可取消自动编号，如图 3-41 所示。

图 3-41　取消自动编号

第三种方法：按 Shift+Enter 组合键，要注意 Enter 键输入的是段落标记，起到分段的作用，而 Shift+Enter 组合键输入的则是换行标记，所以此时再按 Enter 键即可继续自动编号。

3．如何自动添加文档表格的序列号

使用 WPS Office 打开文档，选中要添加序列号的单元格，依次选择【开始】→【样式和格式】→【新样式】选项。在弹出的对话框中单击【格式】按钮，选择【编号】选项，选择一种编号样式后，单击【自定义】按钮。然后根据需要输入编号格式，单击【确定】按钮，就可以看到表格序列号了。设置好后，应用刚才设置的样式即可。

4．如何快速修改 WPS 文字的文本样式

在【开始】选项卡的文本样式栏中，我们可以看见预设样式，也可以自定义新样式。预设样式中已设置好常用的正文、标题、页眉页脚等样式，选中文字，单击相应的样式即可套用。

如果预设样式无法满足需求，我们也可以自定义新样式。依次选择【开始】→【样式和格式】→【新样式】选项，在弹出的对话框中设定样式的属性和格式，包括名称、样式类型、字体、行间距等，如图 3-42 所示。

图 3-42　设定样式的属性和格式

下面设置一个新样式作为演示。在【名称】框中输入新样式的名称【测试】，【样式类型】选择【段落】，【样式基于】套用已有的预设样式。接下来设置【格式】为仿宋、四号、倾斜，并设置段落对齐方式等。如果需要进行更详细的设置，则可以单击左下角的【格式】按钮，进行进一步调整。设置好后，勾选【同时保存到模板】复选框，单击【确定】按钮。我们就可以在预设样式框中找到刚刚添加的【测试】样式了。

3.1.4　WPS 文字排版

WPS Office 2019 内置的 AI 功能主要集中在智能排版和智能提示两方面。在智能排版方面，WPS Office 可以通过对文档内容的分析，自动对文档进行排版。例如，当在文档中输入一段文字时，它会自动识别该段文字的标题级别，并为其添加相应的标题样式，如图 3-43 所示。

此外，WPS Office 可以自动识别表格和图片，并为它们添加相应的样式。这样一来，用户就可以更加专注于文档的内容，而不必花费太多时间在排版上。

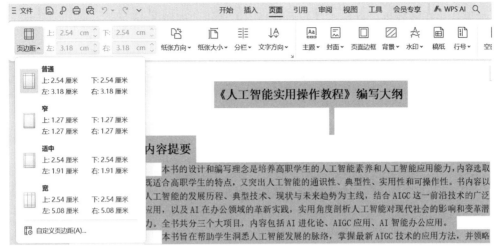

图 3-43　自动识别该段文字的标题级别

在智能提示方面，WPS Office 可以为用户提供智能化的文字和语法提示。例如，当用户输入一段文字时，WPS Office 会自动提示其中可能的拼写和语法错误，以及相应的修改建议。此外，WPS Office 还可以提供智能化的格式提示。例如，当在文档中插入一张图片时，WPS Office 会自动提供其可能的大小调整建议。

WPS AI 具备强大的文档自动排版功能，用户只需选中文本段落，其即可自动调整字体、字号、行距等参数；WPS AI 还可以根据需求自定义排版规则，以满足用户在不同场景的排版需求。例如，选中文本段落，唤起 WPS AI，选择【AI 排版】选项，如图 3-44 所示，然后选择【通用文档】模板，单击【开始排版】按钮，如图 3-45 所示。

图 3-44　【AI 排版】选项

图 3-45　【开始排版】按钮

如果认可排版效果，就单击【应用到当前】按钮，如图 3-46 所示。

市场调研报告是一种详细阐述市场研究结果的文档，旨在向读者提供关于特定市场、产品或服务的深入分析和理解。以下是一份市场调研报告的基本写作步骤：

标题页：包括报告的标题、作者、日期和报告的接收者（如公司高层、投资者等）。

摘要：简短概述报告的主要内容和关键发现。这部分应简洁明了，让读者对报告的整体内容有大致了解。

目录：列出报告的主要部分和页码，方便读者查阅。

引言：介绍研究的背景和目的，明确研究问题，以及研究的重要性和意义。

市场概述：描述目标市场的规模、增长率和主要趋势。可以包括市场规模的

☐ 显示目录　☐ 显示原文　　　　　　　　　弃用　　应用到当前

访谈、二手数据收集等）、样本选择、数据分析方法等。

图 3-46　【应用到当前】按钮

利用 WPS 文字中的【中文版式】和【排版】功能也可以对文本内容进行排版，这两个功能经常应用于报告、杂志、报刊书写编排的场景中。

1）设置中文版式实现快速排版

（1）合并多个字符。

为了页面美观并且达到突出重点的效果，我们有时需要将文中的一个词设置为上下两行的排版效果，例如，将"千禧之旅"四个字排版为上下各两个字，如同徽章一般的样式，这该如何操作呢？

选中"千禧之旅"文字，单击【开始】→【中文版式】下拉按钮，选择【合并字符】选项，设置字符文字、字体与字号，单击【确定】按钮，就可以将其排版为上下各两个字的文本样式，如图 3-47 所示。

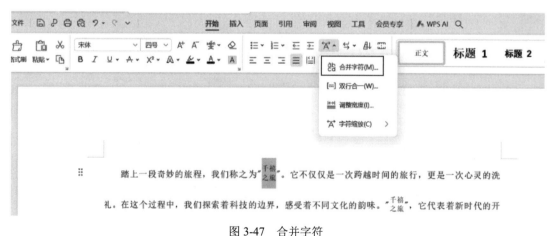

图 3-47　合并字符

（2）一行文本显示双行内容。

各类型报告的封面常常将一行文本显示为双行，使文本美观大方，这该如何操作呢？

选中"2023.05 体检报告"文字，单击【开始】→【中文版式】下拉按钮，选择【双行合一】选项，弹出的对话框如图 3-48 所示。【双行合一】功能会按照文字字符的平均数对其进行分行。

图 3-48　双行合一

（3）调整字符的宽度与缩放。

若想要调整字符的宽度或者对字符进行缩放，该怎么操作呢？

选中需要调整宽度的文字，单击【开始】→【中文版式】下拉按钮，选择【调整宽度】选项，设置文字的宽度，单击【确定】按钮即可。同理，选中需要调整缩放的文字，在【中文版式】下拉按钮处选择【字符缩放】选项，设置缩放百分比，单击【确定】按钮即可。

2）使用 WPS 中的智能格式整理

打开文档，选中文字内容，单击【开始】选项卡→【排版】下拉按钮，选择【段落整理】选项，段落整理结果如图 3-49 所示。

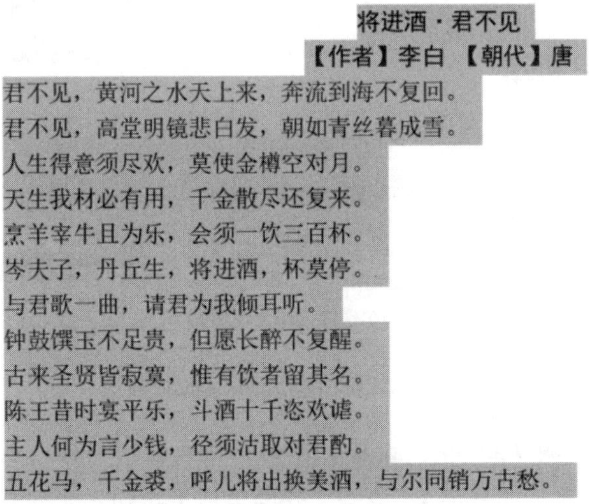

将进酒·君不见
【作者】李白　【朝代】唐

君不见，黄河之水天上来，奔流到海不复回。
君不见，高堂明镜悲白发，朝如青丝暮成雪。
人生得意须尽欢，莫使金樽空对月。
天生我材必有用，千金散尽还复来。
烹羊宰牛且为乐，会须一饮三百杯。
岑夫子，丹丘生，将进酒，杯莫停。
与君歌一曲，请君为我倾耳听。
钟鼓馔玉不足贵，但愿长醉不复醒。
古来圣贤皆寂寞，惟有饮者留其名。
陈王昔时宴平乐，斗酒十千恣欢谑。
主人何为言少钱，径须沽取对君酌。
五花马，千金裘，呼儿将出换美酒，与尔同销万古愁。

图 3-49　段落整理结果

3.1.5　项目案例

【案例1】制作中秋国庆放假通知。

新建智能文档，选择【AI模板】选项卡，在选项卡中选择【中秋国庆放假通知】模板，如图3-50所示。

图3-50　选择【中秋国庆放假通知】模板

WPS AI会按照模板格式生成内容，如图3-51所示。

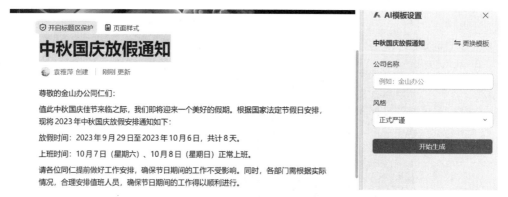

图3-51　WPS AI按照模板格式生成内容

根据实际需要，在右侧【AI 模板设置】窗格中填入公司名称"浙江国际海运职业技术学院"，选择风格为【正式严谨】，单击【开始生成】按钮，生成新内容后，原内容将被覆盖。单击【完成】按钮后，再修改具体放假时间及段落缩进等，结果如图 3-52所示。

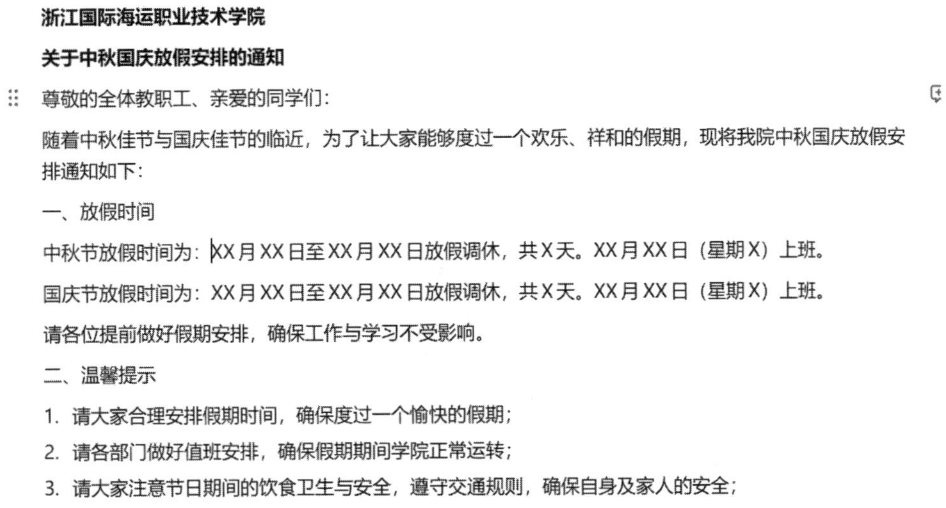

浙江国际海运职业技术学院

关于中秋国庆放假安排的通知

尊敬的全体教职工、亲爱的同学们：

随着中秋佳节与国庆佳节的临近，为了让大家能够度过一个欢乐、祥和的假期，现将我院中秋国庆放假安排通知如下：

一、放假时间

中秋节放假时间为：XX 月 XX 日至 XX 月 XX 日放假调休，共 X 天。XX 月 XX 日（星期 X）上班。

国庆节放假时间为：XX 月 XX 日至 XX 月 XX 日放假调休，共 X 天。XX 月 XX 日（星期 X）上班。

请各位提前做好假期安排，确保工作与学习不受影响。

二、温馨提示

1. 请大家合理安排假期时间，确保度过一个愉快的假期；
2. 请各部门做好值班安排，确保假期期间学院正常运转；
3. 请大家注意节日期间的饮食卫生与安全，遵守交通规则，确保自身及家人的安全；

图 3-52　中秋国庆放假通知生成结果

【案例 2】营销软文创作。

新建智能文档，唤起 WPS AI，选择【社交媒体帖子】选项，输入"模拟真实用户，写一篇介绍产品软文，突出这款产品质量过硬，价格放心。好东西就要分享出来，强烈推荐给朋友们使用"。

生成的结果如图 3-53 所示，可以看到，营销软文中的标签都被自动添加了。

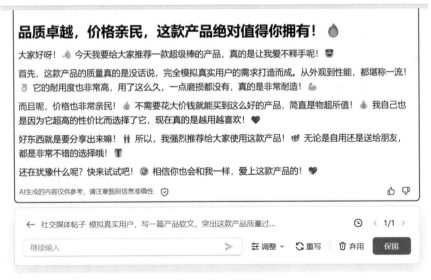

图 3-53　带标签的营销软文

【案例 2】根据主题生成文档、分析文档。

在 WPS AI 输入框中给出主题"写一份关于隐形眼镜的市场调查报告，800 字左右"，如图 3-54 所示，由 WPS AI 进行创作。

图 3-54　给出主题

可以看到，一篇 800 字左右的市场调研报告，在几秒内就被生成了。同时，WPS AI 还提供了其他的处理方式：缩写、扩写、润色、转换风格、继续写、换一换、继续输入等，只需选择相关选项，WPS AI 就可以继续在几秒内完成相应的操作，如图 3-55 所示。

图 3-55　WPS AI 提供的其他处理方式

【案例 3】对案例 2 生成的文档，进行文档分析，结果如图 3-56 所示。让 WPS AI 写出文档核心观点，结果如图 3-57 所示。

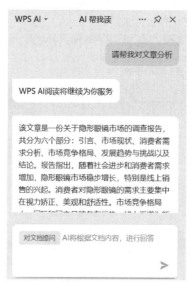 

图 3-56　进行文档分析　　　　　　图 3-57　写出文档核心观点

让 WPS AI 根据全文内容，推荐一些相关问题，结果如图 3-58 所示。

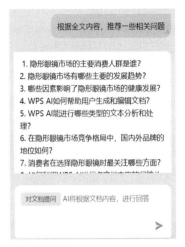

图 3-58 　根据全文内容，推荐一些相关问题

【案例 4】撰写会议纪要。

唤起 WPS AI，选择【会议纪要】选项，修改相关内容，如时间、地点、人员等，如图 3-59 所示。

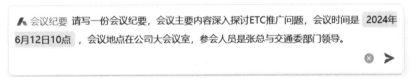

图 3-59 　修改相关内容

【案例 5】撰写放假通知。

唤起 WPS AI，选择【帮我写】→【通知】→【通用通知】选项，如图 3-60 所示。

图 3-60 　选择【帮我写】→【通知】→【通用通知】选项

修改接收方、发送方、放假时间等，如图 3-61 所示，生成的结果如图 3-62 所示。

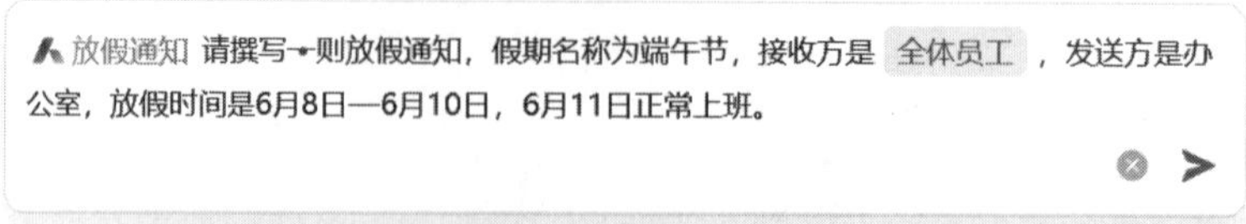

放假通知 请撰写一则放假通知，假期名称为端午节，接收方是 全体员工 ，发送方是办公室，放假时间是6月8日—6月10日，6月11日正常上班。

图 3-61　修改接收方、发送方、放假时间等

端午节放假通知

全体员工：

通知如下：
一、放假时间：6 月 8 日—6 月 10 日放假调休，共 3 天。6 月 11 日（星期日）上班。
二、请各部门提前做好值班安排，确保放假期间公司正常运转。同时，请大家注意安全，合理安排好个人假期活动，度过一个愉快的端午节。

办公室
XXXX 年 XX 月 XX 日

AI生成的内容仅供参考，请注意甄别信息准确性

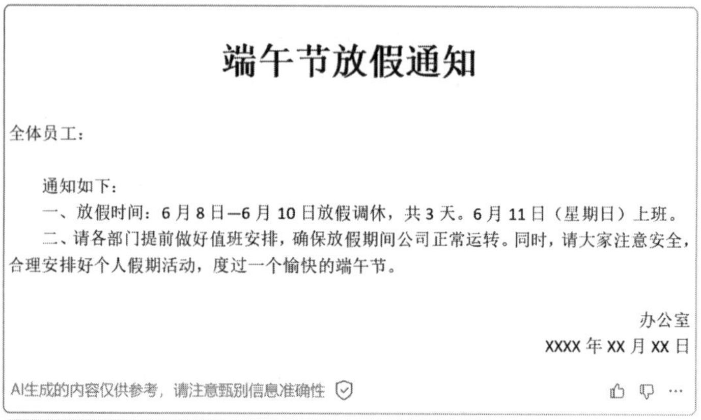

图 3-62　生成的结果

【项目任务】

任务 1　利用 WPS AI 制作公司简介。

任务 2　利用 WPS AI 制作值班安排表和个人简历表。

任务 3　利用 WPS AI 制作批量邀请函和批量通知单。

任务 4　利用 WPS AI 排版毕业论文。

项目 3.2　WPS AI 表格

3.2.1　WPS AI 表格介绍

1. AI 功能

WPS AI 表格的功能如下：

- 通过对话操作表格。
- 进行数据分析。
- 无须输入函数或公式，即可方便快捷完成计算。

2. 使用入口

- 菜单栏中的 WPS AI 选项卡。
- 在单元格中输入"="后，单击悬浮的【AI 写公式】按钮。

3. 使用场景

- 操作表格：描述想要生成的效果，WPS AI 会调用表格指令完成操作，轻松完成用户给定的各种任务。
- 数据分析：无论是销售报告、市场研究还是用户行为数据，WPS AI 都能通过简单对话快速获取分析图表，让数据分析触手可及。
- 写公式：用户可以直接告诉 WPS AI 想要计算什么结果，其会自动生成表格中的复杂公式。

3.2.2　数据清洗和预处理

学习视频

数据清洗和预处理是机器学习和人工智能算法实现中非常重要的一步。在进行数据分析和模型训练之前，通常需要对原始数据进行清洗和转换，以提高数据的质量和可用性。

WPS AI 中常用的数据预处理技巧，包括缺失值处理、异常值检测、特征缩放和特征编码等。

缺失值处理是指处理数据集中的某些取值缺失或为空的变量。在数据预处理中，常见的处理方法有删除缺失值、均值填充、中位数填充和插值填充等。

异常值检测是指检测出与其他观测值显著不同的极端数值，这些数值可能是测量错误值或记录错误值，也可能是真实的异常值。在数据分析和模型训练中，异常值会对结果产生较大的干扰。通过 WPS AI 可对异常值进行标记或删除等处理，提高数据的稳定性和可信度。

特征缩放是指对数据特征进行归一化或标准化的过程。

特征编码是将非数值型特征转化为数值型特征的过程。

【例 3-1】给出一个订单表格，如图 3-63 所示。①找出订单表格中的缺失值；②将数据集中重复的行删除；③将用户年龄大于 40 的值作为异常值标记出来。

订单ID	用户ID	产品ID	订单日期	用户性别	用户年龄
1001	101	10001	2024/5/1	男	28
1002	101	10002	2024/5/2	女	28
1003	102	10003	2024/5/1	女	35
1004	102	10004	2024/5/2	男	22
1005	104	10005	2024/5/1	女	
1006	106	10006	2024/5/1	女	
1007	106	10007	2024/5/2	男	45
1008	106	10008	2024/5/1	女	41
1009	106	10009	2024/5/2	男	31
1010	106	10010	2024/5/1	女	32
1010	106	10010	2024/5/1	女	32

图 3-63　订单表格

操作步骤如下：

选择 WPS AI 选项卡，选择【AI 操作表格】选项，如图 3-64 所示。输入指令"找出数据中的缺失值，并用高亮显示"，单击生成按钮 ➤ ，如图 3-65 所示。

图 3-64　选择【AI 操作表格】选项　　　　　　　图 3-65　输入指令

WPS AI 会提示"当前问题需要使用条件格式解决。已打开'AI 条件格式'面板。如需查看已有规则，请单击管理规则。"然后 WPS AI 开始生成条件格式，并且按照区域、规则、格式进行了罗列，这里，我们可以再次确认 WPS AI 生成的细节是否正确，并且进行进一步修改。确认没问题以后，单击【完成】按钮，如图 3-66 所示。

图 3-66　"AI 条件格式"面板

此时，可以看到，表格中有缺失值的单元格已经被标记成黄色，如图 3-67 所示。

接下来，再次输入指令"将数据集中重复的行删除，并将用户年龄大于 40 的值作为异常值"，单击生成按钮 ➤ ，结果如图 3-68 所示，可以看到，重复行已经被删除，且用户年龄大于 40 的值已经被标记出来。

订单ID	用户ID	产品ID	订单日期	用户性别	用户年龄
1001	101	10001	2024/5/1	男	28
1002	101	10002	2024/5/2	女	28
1003	102	10003	2024/5/1	女	35
1004	102	10004	2024/5/2	男	22
1005	104	10005	2024/5/1	女	
1006	106	10006	2024/5/1	女	
1007	106	10007	2024/5/2	男	45
1008	106	10008	2024/5/1	女	41
1009	106	10009	2024/5/2	男	31
1010	106	10010	2024/5/1	女	32
1010	106	10010	2024/5/1	女	32

彩图

图 3-67　缺失值被标记成黄色

订单ID	用户ID	产品ID	订单日期	用户性别	用户年龄
1001	101	10001	2024/5/1	男	28
1002	101	10002	2024/5/2	女	28
1003	102	10003	2024/5/1	女	35
1004	102	10004	2024/5/2	男	22
1005	104	10005	2024/5/1	女	
1006	106	10006	2024/5/1	女	
1007	106	10007	2024/5/2	男	45
1008	106	10008	2024/5/1	女	41
1009	106	10009	2024/5/2	男	31
1010	106	10010	2024/5/1	女	32

图 3-68　重复行已经被删除，且用户年龄大于 40 的值已经被标记出来

3.2.3　智能建模功能

1. AI 洞察分析

拿到一个表格，如何快速从数据中发现规律性的结论，这就要运用 AI 洞察分析功能。调用 WPS AI 的洞察分析功能，可以一键解读数据、生成图表及结论。

【例 3-2】打开示例数据集，如图 3-69 所示。

编号	名称	规格	单价	货物量	货物总价
105689	小礼物盒娃娃A	AC-1A	8.3	2456	
103690	小礼物盒娃娃B	AC-2B	9.3	3458	
105691	小礼物盒娃娃C	AC-3C	10.3	2898	
105496	水笔	DB-3	8.2	3369	
106896	地垫	GB-2	7.81	4720	
115896	口杯	GB-3	8.85	2105	
112393	保鲜盒	PGB-2	12.4	7630	
104859	模型回力车	AB-W3	29	278	
215635	充电遥控车	PJ-A7	139	1612	
156332	学习画桌	DS-N10	579	132	
221356	中国跳棋	DE-Z3	79	2208	
184684	芭比创意服饰	GZ-S2	168	2530	
364502	花园健身垫	CN-I2	99	343	
372215	立式篮球板	PN-B1	198	2095	
158963	波波球	BB-B1	42	3456	

图 3-69　示例数据集

选择菜单栏中的【WPS AI】选项卡，显示的菜单如图 3-70 所示。

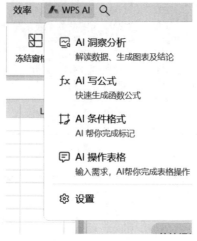

图 3-70　【WPS AI】选项卡显示菜单

选择【AI 洞察分析】选项，程序会自动进行 AI 洞察，单击【获取 AI 洞察结论】按钮，如图 3-71 所示，界面会显示正在生成洞察结论，如图 3-72 所示。

图 3-71　获取 AI 洞察结论

图 3-72　正在生成洞察结论

稍后在洞察分析窗格中就会弹出一份 AI 洞察结论，如图 3-73 所示。

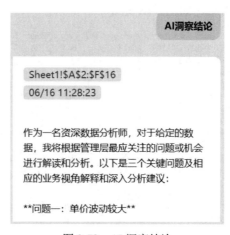

图 3-72　AI 洞察结论

在洞察分析窗格中，重新输入 "#AI 洞察结论" 或选择【洞察分析】选项，程序会自动获取数据扫描结果，如图 3-74 所示。

图 3-74　数据扫描结果

单击【数据详情】按钮，会弹出一份详细的报告，如图 3-75 所示。

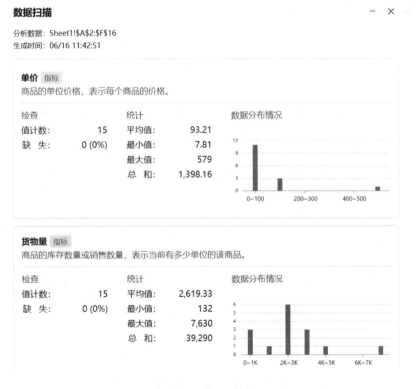

图 3-75　数据详情

2. AI 写公式

WPS AI 可以帮助用户自动生成和优化公式，在处理复杂的数据提取和计算任务时，AI 写公式功能非常好用，下面给出两个例子。

1）计算货物总价

【例 3-3】打开示例数据集，定位到 F2 单元格，选择 WPS AI 选项卡下的【AI 写公式】选项，输入提问"计算货物总价，货物总价=单价*货物量"，单击生成按钮 ➤，WPS AI 开始生成公式，并且高亮显示参与计算的单元格，在目标单元格中显示计算结果。这里，我们可以再次确认 AI 生成的公式是否正确，并进行进一步修改。确认没问题后，我们可以直接单击【完成】按钮，如图 3-76 所示。

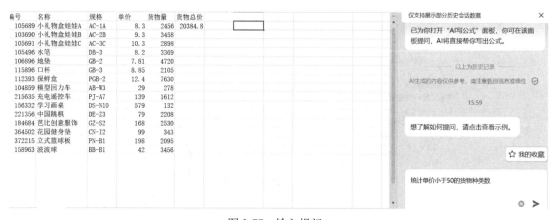

图 3-76　计算货物总价

2）统计单价小于 50 的货物种类数

【例 3-4】打开示例数据集，定位到 H2 单元格，选择 WPS AI 选项卡下的【AI 写公式】选项，输入提问"统计单价小于 50 的货物种类数"，如图 3-77 所示，然后单击生成按钮 ➤。

图 3-77　输入提问

WPS AI 开始生成公式，并且高亮显示参与计算的单元格，在目标单元格中显示统计结果。这里，我们可以再次确认 WPS AI 生成的公式是否正确，并进行进一步修改。确认没问题后，我们可以单击【完成】按钮，如图 3-78 所示。

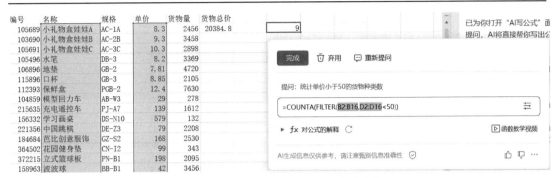

编号	名称	规格	单价	货物量	货物总价
105689	小礼物盒娃娃A	AC-1A	8.3	2456	20384.8
103690	小礼物盒娃娃B	AC-2B	9.3	3458	
105691	小礼物盒娃娃C	AC-3C	10.3	2898	
105496	水笔	DB-3	8.2	3369	
106896	地垫	GB-2	7.81	4720	
115896	口杯	GB-3	8.85	2105	
112393	保鲜盒	PGB-2	12.4	7630	
104859	模型回力车	AB-W3	29	278	
215635	充电遥控车	PJ-A7	139	1612	
156332	学习画桌	DS-N10	579	132	
221356	中国跳棋	DE-Z3	79	2208	
184684	芭比创意服饰	GZ-S2	168	2530	
364502	花园健身垫	CN-I2	99	343	
372215	立式篮球板	PN-B1	198	2095	
158963	波波球	BB-B1	42	3456	

图 3-78　统计单价小于 50 的货物种类数

3）提问示例

下面给出一些常用函数的标准提问示例，学会这些函数的使用，能让我们的工作效率更高。

（1）SUM 函数、AVERAGE 函数、RANK.EQ 函数。

① SUM 函数：对某一区域的数值求和。

要求：求出所有学生的总分。

提问：求总分，如图 3-79 所示。

生成公式：=SUM(B2:E2)

学习视频　　学习视频　　学习视频

学生姓名	应用基础	高等数学	C++	英语	总分	排名
赵江一	64	75	80	77	296	
万春	86	92	88	90		
李俊	67	79	78	68		
石建飞	85	83	93	82		
李小梅	90	76	87	78		
祝燕飞	80	68	70	88		
周天添	50	64	80	78		
伍军	87	76	84	60		
缪冬圻	27	50	53	85		
杨浩敏	33	30	72	85		
南策斌	66	69	75	62		
赵筱茂	33	97	69	74		
梁辰浩	81	95	74	33		
郑云	66	46	45	85		
邹巍龙	16	71	68	64		
平均分						

图 3-79　求总分

图中：

B2:E2：表示第 2 行数值区域，即公式的数值参数。

② AVERAGE 函数：求所有参数的平均值。

要求：求各门课程的平均分。

提问：求平均分，如图 3-80 所示。

生成公式：=AVERAGE(B2:B16)

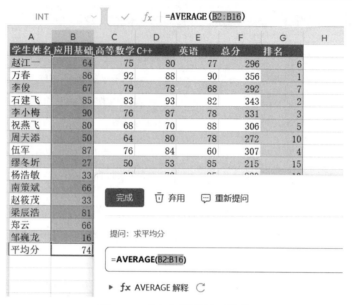

图 3-80　求各门课程的平均分

③ RANK.EQ 函数：求出某组数值的排名。

要求：求排名。

提问：按总分求出各位同学从高到低的排名，如图 3-81 所示。

生成公式：=RANK.EQ(F2,$F$2:$F$16)

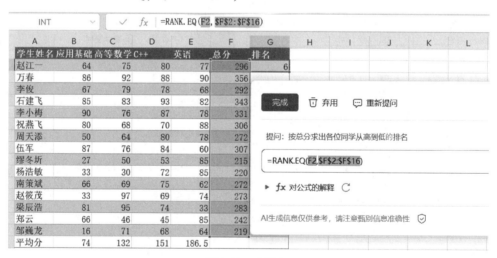

图 3-81　求排名

图中：

F2：要求排名的单元格，即 F 列的第 2 行。

F$2:$F$16：F 列的第 2 行到第 16 行的单元格区域。

（2）IF 函数。IF 函数是常用的判断函数之一，能完成非此即彼的判断。

要求：根据考核合格标准，来判断 B 列的考核得分是否合格。

学习视频

提问：考核合格的标准为 9 分，要判断 B 列的考核得分是否合格，如图 3-82 所示。

生成公式：=IF(B2>=9,"合格","不合格")

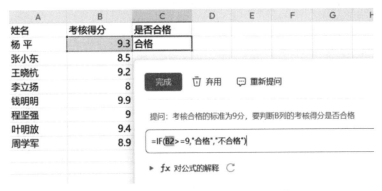

图 3-82　判断 B 列的考核得分是否合格

（3）多条件判断。

要求：只有部门为"生产"、岗位为"主操"的人才有高温补助。

提问：如果部门为"生产"、岗位为"主操"，则高温补助为"有"，否则为"无"，如图 3-83 所示。

学习视频

生成公式：=IF(AND(B2="生产",C2="主操"),"有","无")

图 3-83　只有部门为"生产"、岗位为"主操"的人才有高温补助

AND 函数用于对两个条件进行判断，如果两个条件同时符合，IF 函数返回"有"，否则返回"无"。

（4）SUMIF 函数：条件求和。

要求：统计苹果的总销售量。

提问：如果 A2:A10 区域的品种等于 D2 单元格中的"苹果"，就对 B2:B10 单元格对应的区域求和，如图 3-84 所示。

生成公式：=SUMIF(A2:A10,"苹果",B2:B10)

SUMIF 函数的用法是：SUMIF(条件区域,指定的求和条件,求和的区域)。

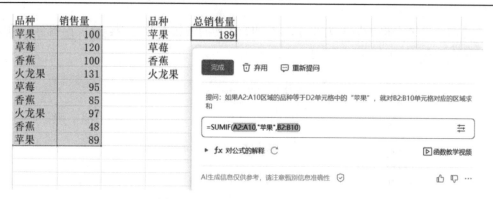

图 3-84　统计苹果的总销售量

（5）多条件求和。

要求：统计部门为"生产"，且岗位为"主操"的高温补助总额。

提问：统计部门为"生产"，且岗位为"主操"的高温补助总额，如图 3-85 所示。

生成公式：=SUMIFS(D2:D9,B2:B9,"生产",C2:C9,"主操")

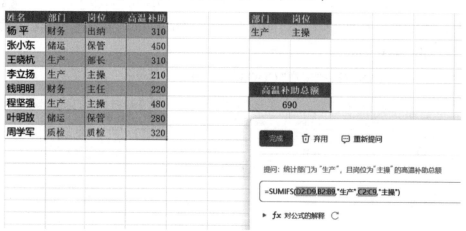

图 3-85　统计部门为"生产"，且岗位为"主操"的高温补助总额

SUMIFS 函数的用法是：SUMIFS(求和的区域,条件区域 1,指定的求和条件 1,条件区域 2,指定的求和条件 2,…)。

（6）条件计数。

要求：要统计指定店铺的业务笔数，也就是统计 B 列中有多少个指定的店铺名称为 E3。

提问：统计 B 列中有多少个指定的店铺名称为 E3，如图 3-86 所示。

生成公式：=COUNTIF(B2:B12,E3)

COUNTIF 函数用于统计条件区域中符合指定条件的单元格个数。其常规用法为：COUNTIF(条件区域,指定条件)。

（7）多条件计数。

要求：统计部门为"生产"，并且岗位为"主操"的人数。

学习视频

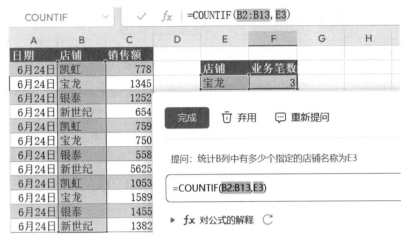

图 3-86 统计指定店铺的业务笔数

提问：统计部门为"生产"，并且岗位为"主操"的人数，如图 3-87 所示。

生成公式：=COUNTIFS(B2:B9,"生产",C2:C9,"主操")

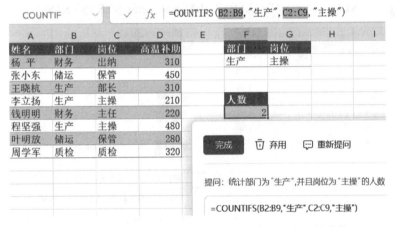

图 3-87 统计部门为"生产"，并且岗位为"主操"的人数

COUNTIFS 函数用于统计条件区域中符合多个指定条件的单元格个数。常规用法为：COUNTIFS(条件区域 1,指定条件 1,条件区域 2,指定条件 2…)。

（8）条件查找。

XLOOKUP 函数用于查找与引用函数，按行查找表格或区域内容。

要求：要查找 F2 单元格中的员工姓名对应的职务是什么。

提问：要查找 F2 单元格中的员工姓名对应的职务是什么，如图 3-88 所示。

生成公式：=XLOOKUP(F2,$B$2:$B$9,$D$2:$D$9)

图中：

F2：要查找的值所在的单元格，即公式的查找值参数。

$B$2:$B$9：公式的查找数组参数，即员工姓名列。

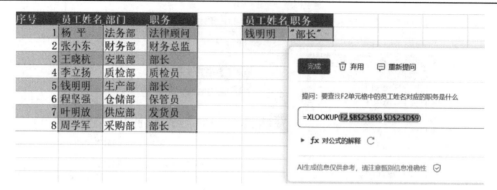

图 3-88　要查找 F2 单元格中的员工姓名对应的职务是什么

$D$2:$D$9：公式的返回数组参数，即职务列。

（9）多条件查找。

要求：在表格中查找部门为 F2，并且岗位为 G2 的员工姓名。

提问：要求查找部门为 F2，并且岗位为 G2 的员工姓名，如图 3-89 所示。　学习视频

生成公式：=XLOOKUP(F2&G2,$B$2:$B$9&$C$2:$C$9,$A$2:$A$9)

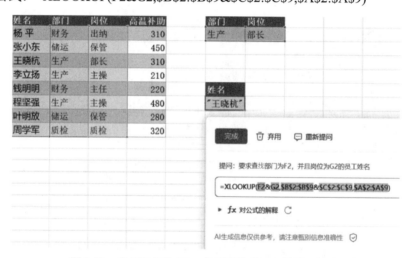

图 3-89　查找部门为 F2，并且岗位为 G2 的员工姓名

图中：

F2&G2：表示要查找的部门和岗位，即 F 列和 G 列的值。

$B$2:$B$9&$C$2:$C$9：表示要在哪个范围内查找，即 B 列和 C 列的 2 到 9 行。

$A$2:$A$9：表示返回的范围，即 A 列的 2 到 9 行。

（10）计算文本算式。

EVALUATE 函数用于计算文本算式。

要求：计算单元格中的文本算式。

提问：计算 A 列中每个单元格中文本算式的结果，如图 3-90 所示。

生成公式：=EVALUATE(A2)

图 3-90　计算单元格中的文本算式

（11）合并多个单元格内容。

CONCAT 函数用于将多个区域和/或字符串中的文本组合起来。

要求：合并 A 列的姓名和 B 列的电话。

提问：连接合并 A 列的姓名和 B 列的电话，如图 3-91 所示。

生成公式：=CONCAT(A2," ",B2)

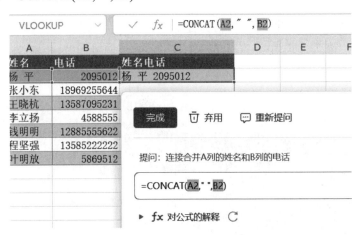

图 3-91　连接合并姓名和电话

修改公式为：=CONCAT(A3,"电话",B3)，得到的结果如图 3-92 所示。

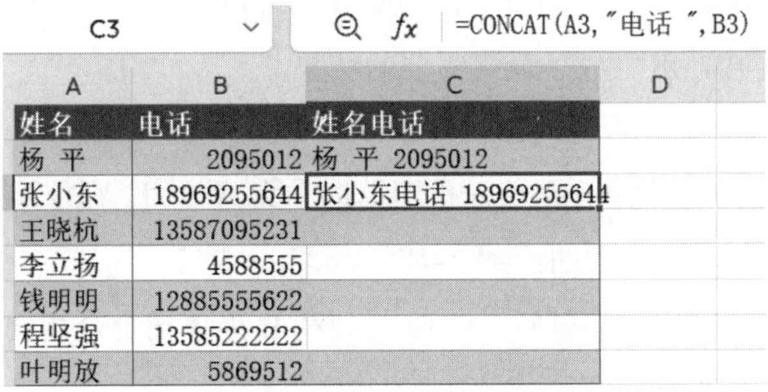

图 3-92　修改公式后的结果

（12）合并带格式的单元格内容。

合并带格式的单元格内容时，表格默认按常规格式进行合并，但是如果合并的是日期、时间或其他有格式的数值，结果就会让人大失所望，如图 3-93 所示。

学习视频

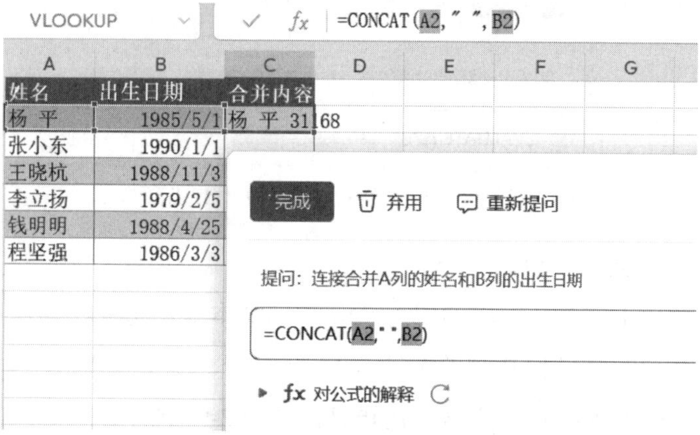

图 3-93　合并带格式的单元格内容

如何才能正确连接需要的字符串呢？

其实很简单，修改公式为：=A2&TEXT(B2,"y 年 m 月 d 日")

结果如图 3-94 所示。

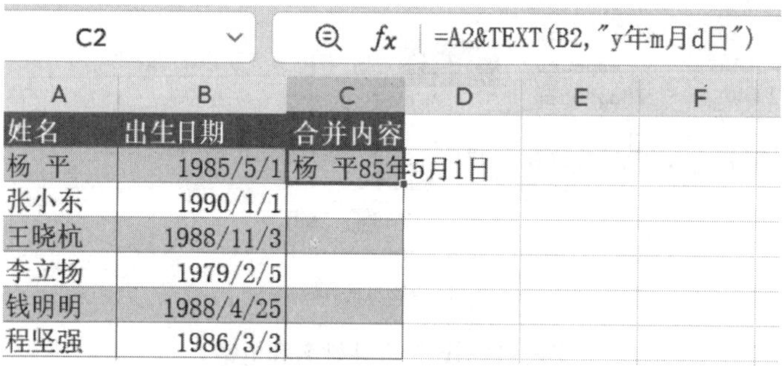

图 3-94　修改公式后的结果

首先使用 TEXT 函数把 B 列的出生日期变成具有特定格式的字符串，然后将其与 A 列的姓名连接，就生成了最终需要的结果。

（13）比较大小写单词是否相同。

如果在 A1 和 A2 单元格中分别输入小写单词和大写单词，则使用以下公式判断时，软件会默认二者是相同的：=A2=B2

若需区别大小写单词，则应提问：检查 A 列和 B 列单词是否相同，如图 3-95 所示。

生成公式：=EXACT(A2,B2)

注意：EXACT 函数区分大小写，但忽略格式上的差异。

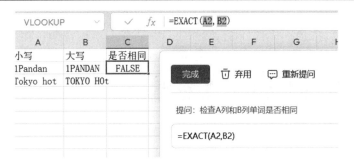

图 3-95　检查 A 列和 B 列单词是否相同

（14）提取混合内容中的姓名。

FIND 文本函数用于在一个文本值内查找另一个文本值（区分大小写）。

LEFT 文本函数用于返回文本值中最左边的字符。

要求：从 A 列姓名、出生日期中提取出姓名。

提问：从 A 列姓名、出生日期中提取出姓名，如图 3-96 所示。

生成公式：=LEFT(A2,FIND(" ",A2)-1)

学习视频

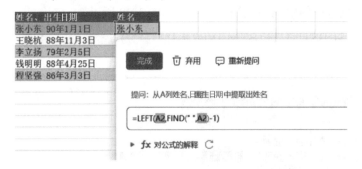

图 3-96　从 A 列姓名、出生日期中提取出姓名

图中：

A2：要提取字符的文本字符串，即 A 列中的姓名、出生日期。

FIND(" ",A(2)-1)：指定要由 LEFT 函数提取的字符数，即空格前的字符数。

（15）根据身份证号码提取出生年月日。

MID 文本函数用于从文本字符串中的指定位置起返回特定个数的字符。

DATE 日期与时间函数用于返回特定日期的序列号。

学习视频

要求：根据身份证号码的格式，提取出生年月日，并用三个参数表示，返回日期对象。

提问：根据身份证号码提取出生年月日，如图 3-97 所示。

生成公式：=DATE(MID(B2,7,4),MID(B2,11,2),MID(B2,13,2))

图中：

MID(B2,7,4)：提取身份证号码中的出生年份，即第 7 到 10 位字符。

MID(B2,11,2)：提取身份证号码中的出生月份，即第 11 到 12 位字符。

MID(B2,13,2)：提取身份证号码中的出生日，即第 13 到 14 位字符。

图 3-97　根据身份证号码提取出生年月日

（16）替换部分手机号码。

要求：将手机号码的中间四位换成星号。

提问：将手机号码的中间四位换成星号，如图 3-98 所示。

生成公式：=SUBSTITUTE(B2,MID(B2,4,4),"****")

学习视频

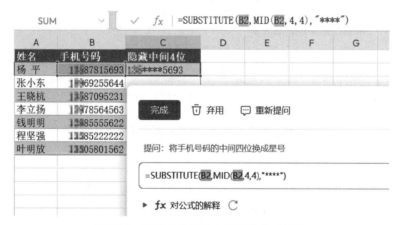

图 3-98　将手机号码的中间四位换成星号

SUBSTITUTE 函数的用法是：SUBSTITUTE(要替换的文本,旧文本,新文本,[替换第几个])。

这里先使用 MID 函数取得 B 列数据的中间四位，再用"****"替换掉这部分内容。SUBSTITUTE 函数最后一个参数使用 1，表示只替换第一次出现的内容。比如第 9 行的手机号码是 13801010101，最后四位和中间四位相同，如果不指定 1，那么该号码就会被全部隐藏掉。

（17）对间隔小时数取整。

TEXT 文本函数用于设置数字的格式并将数字转换为文本。

学习视频

HOUR 日期与时间函数用于将序列号转换为小时。

要求：计算两个时间之间的间隔小时数，将不足一小时的部分舍去。

提问：计算 B1 与 B2 之间的间隔小时数，将不足一小时的部分舍去，如图 3-99 所示。

生成公式：=HOUR(TEXT(ABS(B1-B2),"hh:mm:ss"))

图 3-99　对间隔小时数取整

（18）提取日期、时间中的日期值。

NOW 函数是日期与时间函数，可返回当前日期和时间的序列号。

学习视频

【示例 1】

要求：插入当前时间，包含日期、时间。

提问：插入当前时间，包含日期、时间，如图 3-100 所示。

生成公式：=TEXT(NOW(),"yyyy/mm/dd hh:mm:ss")

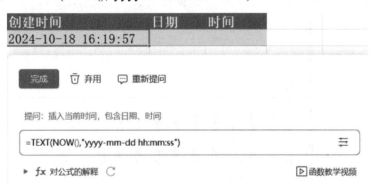

图 3-100　插入当前时间，包含日期、时间

图中：

NOW()：返回当前日期和时间的数值表示，如 43513.464467593，其小数部分代表当前时间，不过该数值为表格日期时间类型的，需要使用格式化函数对其进行文本转化。

【示例 2】

要求：从日期时间数据中提取出日期。

提问：根据创建时间提取出日期，并将其转换成日期格式。

生成公式：=DATE(YEAR(A2),MONTH(A2),DAY(A2))

结果如图 3-101 所示。

图 3-101　从日期时间数据中提取出日期

3.2.4　创建可视化数据图表

WPS AI 可以快速分析数据并生成图表。在日后的工作中，通过 WPS AI 的这种功能，我们能够极大提升数据发现能力。

进入表格界面，打开示例表格，单击任意空白单元格，唤起 WPS AI，在对话框中输入以下指令："通过数据透视表，分析货物名称的货物量统计"，单击生成按钮 >，如图 3-102 所示。

图 3-102　通过数据透视表，分析货物名称的货物量统计

根据以上指令，WPS AI 就会自动插入数据透视表并分析统计结果，如图 3-103 所示。

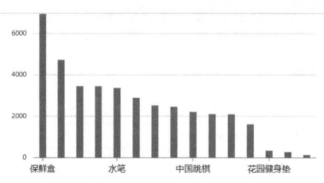

货物名称	总和("总货物量数")
保鲜盒	7,630
地垫	4,720
小礼物盒娃娃B	3,458

图 3-103　自动插入数据透视表并分析统计结果

如果对图表不满意，我们可以在图表右侧选择【切换图表】选项，如图 3-104 所示。

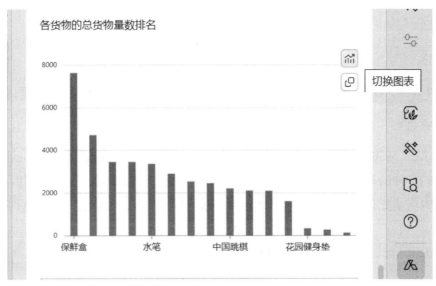

图 3-104　切换图表

我们可以修改图表类型，选择更符合要求的图表，如图 3-105 所示。

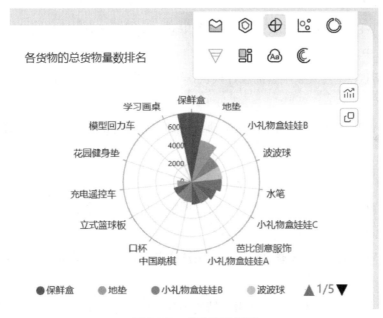

图 3-105　修改图表类型

彩图

此外，通过复制−粘贴的方式，我们可将图表移到需要用的地方。

【项目任务】

任务 1　利用 WPS AI 制作员工信息表。

任务 2　利用 WPS AI 进行汽车销量统计。

任务 3　利用 WPS AI 对汽车销售数据进行可视化分析。

任务 4　利用 WPS AI 对图书销售情况进行统计分析。

项目 3.3　WPS AI 演示

学习视频

3.3.1　WPS AI 演示介绍

1．WPS AI 一键生成幻灯片的原理

WPS AI 一键生成幻灯片功能基于深度学习技术，其通过分析大量已有的幻灯片，学习并掌握了幻灯片的布局、样式、字体、颜色等设计要素。在用户输入文字内容后，WPS AI 会根据学习到的知识，自动为文字内容添加合适的样式、配图并进行排版，从而生成完整的幻灯片。

2．WPS AI 一键生成幻灯片的优势

在幻灯片中使用 WPS AI 是提高工作效率的必备技巧，可帮助用户轻松应对各种场景和需求。WPS AI 演示具有如下功能。

1）智能排版与设计

（1）自动布局：WPS AI 可以根据内容自动调整版式，让幻灯片更具吸引力。用户只需将内容添加到幻灯片中，WPS AI 会自动优化布局。

（2）设计建议：WPS AI 内置了丰富的设计模板，可以根据内容为用户推荐合适的模板，让幻灯片更具专业感。

（3）色彩搭配：WPS AI 可以根据主题色自动为用户推荐合适的色彩搭配，使幻灯片的视觉效果更好。

2）智能内容优化

（1）文字优化：WPS AI 可以根据文本内容自动调整幻灯片中文字的字体、字号和段落格式，让文字展示更加清晰易懂。

（2）图表优化：WPS AI 可以根据数据自动为用户推荐合适的图表类型，让数据展示更加直观。

（3）媒体素材优化：WPS AI 可以帮助用户精选图片、视频等媒体素材，让幻灯片更具说服力。

3）实时协作与共享

（1）多人协作：WPS AI 支持实时在线协作，团队成员可以共同编辑同一个幻灯片，提高效率。

（2）权限管理：WPS AI 支持为用户设置不同的权限，确保敏感信息的安全性。

（3）云端存储：WPS AI 支持云端存储，用户可以随时随地访问和编辑幻灯片，跨设备协同工作。

4）个性化与智能化

（1）个性化主题：WPS AI 内置了多种主题，用户可以根据喜好和场景选择不同的主题，让幻灯片更具个性化。

（2）智能语音讲解：WPS AI 可以为用户生成语音讲解，让演示更加生动有趣。

（3）实时反馈：WPS AI 可以根据使用习惯和需求为用户提供实时反馈，帮助用户更好地掌握幻灯片的制作过程。

3．WPS AI 一键生成幻灯片的应用

在 WPS Office 新建演示文稿界面中，选择【智能创作】选项，如图 3-106 所示。

图 3-106　选择【智能创作】选项

在打开的界面中选择 WPS AI 选项卡，弹出 WPS AI 对话框，如图 3-107 所示。

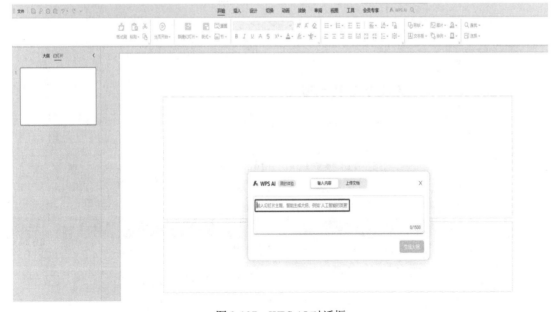

图 3-107　WPS AI 对话框

WPS AI 支持输入主题一键生成幻灯片和文档导入一键生成幻灯片两种生成形式。

输入主题一键生成幻灯片：告诉 WPS AI 幻灯片的主题和页数，其可以自动生成大纲，如图 3-108 所示，单击【立即创建】按钮，WPS AI 即可一键生成完整的幻灯片，如图 3-109 所示。

图 3-108　自动生成大纲

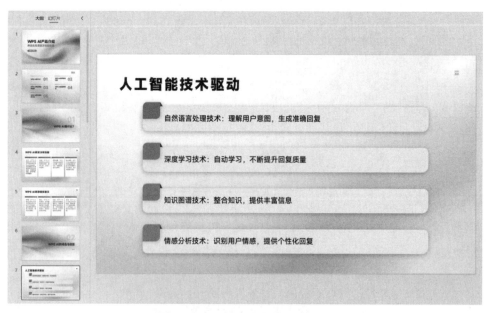

图 3-109　一键生成完整的幻灯片

文档导入一键生成幻灯片：WPS AI 支持智能解析原文档结构及内容，生成符合文意的幻灯片，操作步骤如图 3-110～图 3-113 所示。

图 3-110　上传文档

图 3-111　选择模板

图 3-112　创建幻灯片

图 3-113　生成符合文意的幻灯片

3.3.2　智能设计与生成专业幻灯片

下面给出一个例子，演示如何应用 WPS AI 一键生成幻灯片功能。在 WPS 新建演示文稿界面中，选择【智能创作】选项，选择界面中的 WPS AI 选项卡，弹出 WPS AI 对话框，输入主题"古诗《独坐敬亭山》赏析"，在弹出的大纲界面中单击【挑选模板】按钮，如图 3-114 所示。

图 3-114　弹出的大纲界面

在右侧的【选择幻灯片模板】窗格中选择一个合适的模板，例如，选择【绿色教育教学中国风主题】模板，单击【创建幻灯片】按钮，如图 3-115 所示。稍等片刻，WPS AI 按照大纲自动生成 PPT。我们可以根据需要对生成的 PPT 进行个性化修改，如调整字体大小、更换背景图片等。

图 3-115　选择一个合适的模板

注意，用户输入的内容越详细，WPS AI 输出的大纲越符合要求。

除了便捷，WPS AI 一键生成的幻灯片还非常美观。WPS AI 自动生成的幻灯片不仅布局合理、排版美观，而且采用了多种视觉元素，如图片、图表、动画等，让幻灯片更加生动、形象，这无疑让幻灯片的展示效果更好，更具吸引力。

此外，WPS AI 一键生成幻灯片功能还充分考虑了演示的节奏和氛围。WPS AI 自动生成的幻灯片不仅与文档内容紧密关联，而且通过合理的页面切换和动画效果，有效吸引了观众的注意力，让演示过程更加流畅、引人入胜。

总之，WPS AI 一键生成幻灯片功能能让我们的办公体验更好，让我们的工作过程更智能、高效。它不仅节省了我们的时间，提高了我们的工作效率，还能为幻灯片的演示效果增色添彩。

【项目任务】

任务 1　利用 WPS AI 制作部门年度总结幻灯片。

任务 2　利用 WPS AI 创建一个展示科幻片中描绘的人工智能的幻灯片。

项目 3.4　WPS 应用服务

学习视频

3.4.1　智能共享和协作

WPS 智能共享和协作的优点如下。

（1）同时编辑、同时改动，协作无障碍。即使团队成员身处各地，只要打开 WPS 在线协作模式，他们就能像坐在一起一样共同编辑同一个文档，无须来回传输文件，WPS 智能共享和协作的效果可扫描下方二维码查看。

（2）版本统一，告别混乱。文档改来改去，替换又覆盖，常常搞得我们眼花缭乱，到底哪个是最终版呢？开启 WPS 在线协作模式，WPS Office 就会自动保存每个人的每一次修改，所有人每一次看到的都是最新版的文档，这可帮助人们彻底告别版本不同导致的混乱。

演示视频

（3）换个设备，轻松续写。无论你是在家、在办公室还是在外出差中，只要连上了网络，就可切换不同设备编辑文档，用计算机没写完的文档，可以打开手机接着写。

（4）内容自动保存，安全无忧。利用 WPS 在线协作模式，人们从此告别对系统崩溃、文件丢失的恐惧，手动保存的时代已经过去了！开启 WPS 在线协作模式，WPS Office 能自动保存用户每一次编辑的内容，每个用户的每处改动都有存档。其具有强大的历史版本保存功能，支持用户随时回退查看文档的历史版本，使用户不再担心文档会意外丢失，真正实现安全无忧。

多人协作在线编辑的步骤如下。

PC 端：打开文档，单击界面右上角的【分享】按钮，打开【和他人一起编辑】开关，复制链接发给协作人，如图 3-116 所示。

图 3-116　PC 端多人协作

移动端：打开文档，单击界面右下角的【分享】按钮，选择分享方式，设置权限并将文档发给协作人，如图 3-117 所示。

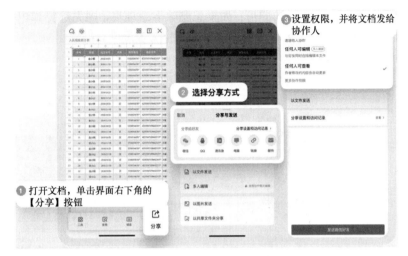

图 3-117　移动端多人协作

3.4.2　智能流程图

在制作幻灯片时，我们经常会用多个图形的排列组合来表达内容，如利用层次结构图，流程图等。它们的制作过程通常非常烦琐，但是我们利用 WPS 演示中的【智能图形】功能可以实现一键图形制作，该如何使用呢？

首先单击【插入】选项卡下的【智能图形】按钮，此时弹出【智能图形】对话框，对话框中提供了大量丰富精美的图形模板，如图 3-118 所示。然后选择符合需求的图形，如果需要体现流程，则可在【流程】选项卡下选择合适的图形。

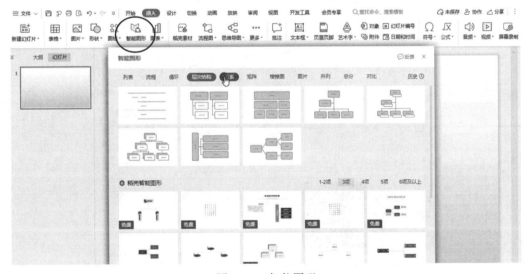

图 3-118　智能图形

选择好后，可以在【设计】选项卡下对图形做进一步调整，如更改颜色、样式、大小等。

如果想增加项目，则可以先选择图形，再单击鼠标右键，选择弹出菜单中的【添加项目】选项，选择在前面或后面添加即可；如果想删除多余项目，则先选择弹出菜单中的【更改位置】选项，再选择【降级】选项即可，如图 3-119 所示。

图 3-119　增删项目

3.4.3　智能思维导图

思维导图是一种实用的工具，在日常生活和工作中都能给人们增添便利。WPS Office 2019 支持直接在文字、表格、演示文稿中一键插入思维导图。

学习视频

插入思维导图的步骤如下：

（1）在选择【插入】->【思维导图】选项，打开【思维导图】窗口，窗口中有多种模板可供选择，单击相应的模板即可插入思维导图，如图 3-120 所示。

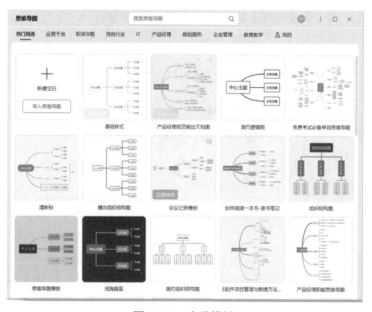

图 3-120　多种模板

插入思维导图后，用户可直接按 Enter 键增加同级主题，按 Tab 键增加子主题，按 Delete 键删除主题。拖动节点到另一个节点的上时，有三个状态，分别是顶部、中间、底部，对应的是将节点加在另一个节点的上面、下一级节点中间、另一个节点的下面。

用户也可在思维导图界面下的【插入】选项卡下，选择相应的选项插入各级主题，还可插入关联、图片、标签、任务、链接、备注、符号及图标等，如图 3-121 所示。

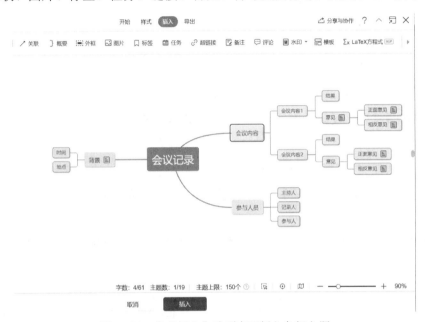

图 3-121　在【插入】选项卡下插入各级主题

在【样式】选项卡下，选择【节点样式】选项，可选择不同的主题风格；选择【节点背景】选项，可更换节点背景颜色。WPS Office 还支持设置连线颜色、连线宽度、边框宽度、边框颜色、边框类型、边框弧度、画布、风格、结构等，如图 3-122 所示。

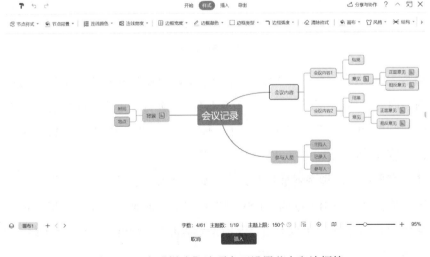

图 3-122　在【样式】选项卡下设置节点和边框等

格式刷是个很实用的功能，如果用户不想一个个地设置节点的样式，可单击左上角的格式刷图标。

3.4.4　灵感市集

WPS 的文档和智能文档模块都提供了指令封装功能，可通过"灵感市集"实现。

指令可用于指导 AI 系统的行为和提高系统性能。比如用 WPS AI 写一个心得体会时，我们可以对模型的答案特征如"文章流畅""书面语言""内容积极"等指令进行封装，从而形成模块、模板的形式。

【示例】做一个"脑洞大开"的小说编剧。

指令：小说编剧，反转 3 次，只用说剧情，内容不超过三句话。

操作步骤：

（1）新建智能文档，唤起 WPS AI。

（2）选择【去灵感集市探索】选项，进入灵感市集界面，如图 3-123 所示，单击"+"按钮，进入封装界面。

图 3-123　灵感市集界面

输入指令："你扮演一个小说编剧，根据[!选中内容]，写出剧情，注意：要求反转 3 次，只用说剧情，内容不超过三句话"，输入指令名称："脑洞大开的小说编剧"，条件"一盒爆米花引发的悲剧"，单击【测试指令】按钮，测试一下效果，可以看到【AI 回答】框中给出的答案，如图 3-124 所示。

单击【保存】按钮，指令就被封装好了，如图 3-125 所示。

被封装好的指令"脑洞大开的小说编剧"可以被随时调出使用，当然也可被修改。

通过封装的方式，用户可以对自己平时经常使用的指令和框架进行保存，由此可以建立属于自己指令库，大大提高工作效率。

图 3-124 输入指令、指令名称、条件等

图 3-125 封装好的指令

3.4.5 智能轻维表

WPS AI 智能轻维表是金山办公推出的一款结合人工智能和轻维表功能的工具。轻维表本身是一款以表格为基础的协作效率应用，它结合了传统表格和数据库的优势，能够高效地收集资料和整理数据。而 WPS AI 的加入，使得轻维表具备了更强大的智能化功能。

WPS AI 智能轻维表的主要特点如下。

（1）能进行自然语言处理：WPS AI 智能轻维表能够理解用户的自然语言输入，并根据用户的意图生成相应的答案。这大大简化了用户与软件的交互过程，提高了工作效率。

（2）能进行智能数据分析：利用人工智能技术，WPS AI 智能轻维表能够对表格中的数据进行智能分析，发现数据之间的关系和规律，为用户提供有价值的信息和建议。

（3）采用自动化流程：WPS AI 智能轻维表可以自动处理一些重复性的任务，如数据整理、格式调整等，从而减轻用户的工作负担，提高工作效率。

（4）实时协作：作为一款协作工具，WPS AI 智能轻维表支持多人实时编辑和查看，确保团队成员之间的信息实时同步。同时，人工智能技术还能够辅助团队成员进行高效沟通和协作。

总之，WPS AI 智能轻维表是一款功能强大、智能化的协作工具，能够帮助用户高效整理和分析数据，实现自动化处理和实时协作，提高工作效率。

【项目任务】

任务 1　利用 WPS AI 制作一张与学生活动相关的流程图，展示学生在学校生活中可能经历的大部分活动。

任务 2　利用 WPS AI 设计并制作一张社会公益海报：传达社会问题或公益信息，使用情感化的视觉和文案模板。

任务 3　梳理课堂笔记，根据要点利用 WPS AI 画出课程内容相应的思维导图。

【项目小结与展望】

随着人工智能技术的不断发展，WPS AI 的应用前景将更加广阔。未来，WPS AI 有望实现更加智能化、人性化的功能，满足用户多样化的需求。同时，WPS AI 还将与其他智能化技术相结合，如云计算、大数据等，为企业提供更加全面、高效的服务。

WPS AI 作为一款智能化办公软件，其强大的自动化处理能力、智能推荐和个性化设置等功能，引领了办公领域的一场革命。它不仅提高了用户的工作效率和工作质量，降低了成本，还激发了企业创新活力，推动了企业向智能化、数字化方向发展。未来，随着人工智能技术的不断进步和应用场景的不断拓展，WPS AI 有望发挥更大的作用，成为引领未来办公的新篇章。

可以预见，在智能办公时代，人工智能正在进入千行百业，成为降本增效的生产力工具。每个企业、每个人都将拥有个性化的超级助理，以"人机协同"的新常态创造人工智能时代的工作方式。

习题 3

一、实操题

（1）使用 WPS 文字的写作助手，检查并修改一篇公司的宣传稿件，确保语法正确、表达清晰。

（2）使用 WPS 文字文档格式自动修复功能，统一一份杂乱无章的会议记录的格式。

（3）利用 WPS 文字智能推荐功能，优化一份活动邀请函的版面布局，使其更吸引人。

（4）使用 WPS 文字的排版工具，优化一篇毕业论文的格式，使其符合学术规范。

（5）利用 WPS 表格的数据清洗功能，整理一个包含错误数据的员工信息表，保证数据准确。

（6）利用 WPS 表格分析汽车销售数据，预测下一季度的销售趋势。

（7）利用 WPS 表格，创建汽车销售数据的饼图和折线图，直观展示销售情况。

（8）利用 WPS 表格分析图书销售数据，找出最畅销的图书类别和销量最好的时间段。

（9）利用 WPS 演示的智能设计，制作一份部门年度工作总结报告，注重内容和视觉效果的平衡。

（10）利用 WPS 演示创建一个以"科幻片中的人工智能"为主题的幻灯片，运用智能辅助功能提升演示效果。

（11）利用 WPS 演示制作一张公司业务流程图，展示产品从生产到销售的完整流程。

（12）利用 WPS AI 设计并制作一张具有公司特色的宣传海报，突出产品优势和品牌形象。

（13）创意构想 WPS AI 的新应用功能，如自动翻译、语音转文字等，画出相应的思维导图。

（14）利用 WPS AI 绘制思维导图，提出新功能（如智能语音交互、自动翻译、实时字幕、自动注解等），以提高工作效率和用户体验。

（15）选择一个 AI 智能办公应用（如自动化文档处理工具），并尝试使用它来完成一个实际任务（如整理一份报告或电子邮件），并描述使用体验和改进建议。

（16）设计一个 AI 智能办公应用的界面原型，并解释每个功能模块的作用和使用方法。

二、案例分析题

（1）假设你是一家大型企业的行政助理，每天需要处理大量的邮件和文档，请设计一个 AI 智能办公应用方案，以提高工作效率。

（2）一家电商公司正在考虑引入 AI 智能办公应用来优化库存管理，请分析可能的应用场景，并提出建议。

参考文献

[1] 肖正兴，聂哲，王铮钧，等. 人工智能应用基础[M]. 北京：高等教育出版社，2019.

[2] 余明辉，詹增荣，汤双霞. 人工智能导论[M]. 北京：人民邮电出版社，2022.

[3] 罗娟. 计算与人工智能概论[M]. 北京：人民邮电出版社，2022.

反侵权盗版声明

电子工业出版社依法对本作品享有专有出版权。任何未经权利人书面许可，复制、销售或通过信息网络传播本作品的行为；歪曲、篡改、剽窃本作品的行为，均违反《中华人民共和国著作权法》，其行为人应承担相应的民事责任和行政责任，构成犯罪的，将被依法追究刑事责任。

为了维护市场秩序，保护权利人的合法权益，我社将依法查处和打击侵权盗版的单位和个人。欢迎社会各界人士积极举报侵权盗版行为，本社将奖励举报有功人员，并保证举报人的信息不被泄露。

举报电话：（010）88254396；（010）88258888

传　　真：（010）88254397

E-mail： dbqq@phei.com.cn

通信地址：北京市万寿路 173 信箱

　　　　　电子工业出版社总编办公室

邮　　编：100036